现代家庭
食品安全
实用指南

食品安全是金　人生健康是福

国以民为本，民以食为天，食以安为先。

借你一双慧眼，给你一些策略，助你幸福安康！

燕子去了，有飞回的时候；杨柳枯了，有返青的时候；桃花谢了，有再开的时候。可是，我们一旦失去了健康和宝贵的生命，还有再来的时候吗？

健康，何等重要！生命，何其珍贵！

董丽杰◎编著

中国言实出版社

图书在版编目(CIP)数据

现代家庭食品安全实用指南/董丽杰编著.
—北京:中国言实出版社,2012.1
ISBN 978-7-80250-629-9

Ⅰ.①现…
Ⅱ.①董…
Ⅲ.①食品安全—指南
Ⅳ.①TS201.6-62

中国版本图书馆 CIP 数据核字(2011)第 212398 号

出版发行 中国言实出版社
地　址:北京市朝阳区北苑路 180 号加利大厦 5 号楼 105 室
邮　编:100101
电　话:64924716(发行部)　64924735(邮　购)
　　　　64924880(总编室)　64914138(四编部)
网　址:www.zgyscbs.cn
E-mail:zgyscbs@263.net

经　销 新华书店
印　刷 北京绿谷春印刷有限公司
版　次 2012 年 2 月第 1 版　2012 年 2 月第 1 次印刷
规　格 710 毫米×1000 毫米　1/16　14.5 印张
字　数 180 千字
定　价 32.00 元　ISBN 978-7-80250-629-9/T·21

前言

国以民为本，民以食为天，食以安为先。

食品安全，关系到国计民生，关系到千家万户，关系到每一个人的健康和安全。但当前的食品安全问题却极为严重。

还有什么食品是安全的？还有什么东西是可以放心地吃的？我们该怎样保护我们的家庭食品安全，守卫家人的健康？如何鉴别食品的优劣，逃离饮食误区，摆脱食品安全陷阱，维护家庭食品安全？这是当前所有的家庭每一个人都最为关注的问题。

那么，究竟要怎样才能真正保证家庭食品的安全，让家人吃得放心、吃得营养、吃得科学，同时又远离各种有毒有害食品，保证全家人的饮食安全和健康呢？

本书从保障家庭食品安全的五大关键（选购、烹调、食用和贮存及远离食品安全事故）环节入手，详细阐述了保障家庭食品安全的各个细节，从选购食品时的认真鉴别、挑选，守好食品安全的第一关，把有毒有害食品挡在家门外开始，到家庭烹制一日三餐的各种安全技巧、方法和误区鉴别，把好食品加工的安全关，保证厨房安全，再到合理搭配、注重营养安全，把好家庭餐桌安全关，到最后家庭食品的妥善保存和安全储藏，不让食品受损、污染的各个细节，都作了详尽的解析。特别针对当前百姓家庭最为关注的非法添加剂、有毒食品、问题食品、假冒伪劣食品的鉴别方法、安全危害及应对方法作了详细的介绍，指导人们擦亮眼睛，鉴伪识真，慎重地买，科学地做，安全地吃，妥善地存，从各个环节把好家庭食品安全关，切实保障家庭食品安全，维护家人的健康和幸福。特别是面对当前层出不穷的食品安全事故，作为食品安全最后一道屏障的消费者，我们应当有维护食品安全的自觉，有举报、投诉食品安全违法犯罪的责任，更要有打击食品违法犯罪的意识，保护自己的健康权益。在各种各样的食品安全事故中，学会自我保护的技巧、提升自我保护的能力、切实维护自己和家庭的食品安全，也为全社会的食品安全环境贡献自己的一份力。

书中提供的各种食品鉴别方法、安全烹制技巧、营养搭配误区、食品保存方法都是从生活实践中而来，简单方便，有效实用，有着极强的指导性和可操作性。一书在手，饮食安全再无烦忧，是适用于所有家庭的食品安全必备指南。

当然，由于各种原因，书中难免会有疏漏和不足，欢迎广大读者批评指正。同时，书中借鉴了一些报刊、杂志和网络上的资料，这里一并致谢。

第一篇
精心挑选，保证食品采购安全

五谷杂粮、蔬菜水果、油盐酱醋、鸡鸭鱼肉、水产干货，这些正是我们一日三餐的原料，也是家庭食品安全的第一道关口。只有把好这一关，才能真正把有毒、有害、不利于健康的食品挡在家门之外，全面保证家庭餐桌的安全。这就需要我们有一双鉴真辨伪的火眼金睛和仔细认真的态度，鉴别真假，分清优劣，买到真正安全、卫生、健康、放心的食品材料，为现代家庭食品安全把好第一关。

第一章 把握食品选购原则，懂得食品鉴别常识

第二章 小心黑心“添加剂”，注意有毒有害食品

第三章 主食的安全鉴别和选购方法

第四章 肉、禽、蛋类的鉴别与选购方法

第五章 蔬菜、水果类的鉴别和选购方法

第六章 食用油脂的鉴别和选购方法

第七章 海鲜、水产品的鉴别和选购方法

第八章 各种调味品的鉴别和选购方法

第九章 酒水、饮料的鉴别和选购方法

第十章 副食、零食、奶制品等食品的鉴别和选购

第二篇
科学加工，保障厨房烹调安全

家庭饮食中的食物中毒时有发生，家庭成员因饮食不当而致的痢疾、胃肠炎，甚至更严重疾病的不断增多，这些提示我们：家庭厨房的安全不容忽视，还有很多问题值得我们关注。只有把好厨房加工关，消除烹调环节的不安全因素，才能把好家庭食品安全的第二道关口，使家人的健康更有保障。

第十一章 家庭厨房烹调加工原则

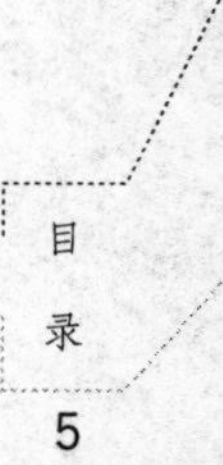

第十二章 警惕貌似安全的厨房用具

第十三章 清除不安全食品，保证食物干净卫生

第十四章 走出烹调误区，保证食品加工安全

第三篇
安全食用，保障饮食营养安全

吃，看似是一件简单不过的事情，张开嘴就行，婴儿都会。殊不知要吃得安全，吃得科学，吃得营养，吃得健康，却大有学问，稍不注意，就会损害健康，吃出问题、吃出毛病来。比如挑食、偏食、暴饮暴食，还有一些搭配不当的食物或是看似安全的食物，如果不加注意随便乱吃，轻则破坏营养，重则损害健康。外出就餐不加注意，更容易引发一些食品安全问题。所以，学会如何安全地吃，是家庭食品安全的重要方面。

第十五章 吃得好不如吃得对

第十六章 健康营养，一日三餐最重要

第十七章 危害不小，这些食物要慎吃

第十八章 外出就餐更要注意安全

第四篇
妥善存放，保障食品储存安全

食品的变质因素往往十分复杂，而贮存不当是导致食品腐败变质的重要因素之一。食品贮存不仅是简单存放食品，更重要的是防止食品腐败变质，保证食品卫生质量。对于家庭食品安全而言，科学、妥善、安全地保存尤为重要。因为家庭食品一般是生鲜食品或是熟食剩菜，若不能妥善储存，极易腐败变质，形成安全隐患，威胁家庭安全。所以，科学、妥当地保存食品，是保障家庭食品安全的又一大重要内容，切不可忽视。

第十九章 各种食品的安全贮存方法

第二十章 剩菜剩饭注意卫生，妥善保存

第五篇
远离事故，积极参与食品安全防范

食品安全链条长、环节多，是一个需要全社会共同参与、共同防范的复杂而系统的工程。所以，仅仅寄望于政府和执法部门，是不可能完全杜绝食品安全隐患的。家庭食品安全作为食品安全链上最重要也是最后的一道关键环节，对于食品安全的作用至关重要。只有每一个消费者都发挥出自己应有的作用，为食品安全系统工程尽到自己的一份责任，才能真正启动全民防范的食品安全防护机制，保障食品安全。

第二十一章 积极参与，为食品安全尽自己的一份力

第二十二章 提高警惕，从食品安全事故中学会保护自己

第一篇

精心挑选，保证食品采购安全

五谷杂粮、蔬菜水果、油盐酱醋、鸡鸭鱼肉、水产干货，这些正是我们一日三餐的原料，也是家庭食品安全的第一道关口。只有把好这一关，才能真正把有毒、有害、不利于健康的食品挡在家门之外，全面保证家庭餐桌的安全。这就需要我们有一双鉴真辨伪的火眼金睛和仔细认真的态度，鉴别真假，分清优劣，买到真正安全、卫生、健康、放心的食品材料，为现代家庭食品安全把好第一关。

第一章　把握食品选购原则，懂得食品鉴别常识

1.避免“黑心食品”的选购原则

“黑心食品”一般有以下特征:

(1)食品颜色过于鲜艳,可能非法使用色素。

(2)食品颜色过白,可能非法使用漂白剂或荧光剂。

(3)食品弹性过佳,可能非法使用硼砂等添加剂。

(4)食品保存期限过长,可能使用过量防腐剂。

避免“黑心食品”选购原则:

(1)避免贪便宜,买价格过低或散装的食品。

(2)不要买来路不明的食品,要注意购买后万一有问题,能否找到出售者负责。

(3)要看是否有完整包装与标签,发现食品已拆封或有破损,就不要买。完整包装标签,应有品名、内容物名称及重量、容量或数量、食品添加剂名称、厂商名称及电话、地址、有效日期等项目。

(4)食品开封时,如发现有异味或腐败情况,就不要再食用。

2.查看食品的标示或标签

超市里的食品大多是预包装食品,也就是已经包装好了的。我们就要仔细查验它的标签才能清楚地了解食品的情况。

食品标签就是食品的“身份证明”,是指在食品包装容器上或附于食品包装容器上的印签、标牌、文字、图形、符号说明物,它是对食品本质属性、质量特性、安全特性、食用说明的描述。消费者通过食品标签了解食品的名称、配料、营养成分、厂名、批号、生产日期、保质期等信息。

预包装食品标签上必须标示的内容有:食品名称、配料清单、净含量和沥干物(固形物)含量、制造者名称和地址、生产日期(或包装日期)和保质期、产品标准号等。消费者一定要仔细检查:

一看食品名称

食品名称反映的是食品本身固有的性质、特征，应在食品标签的醒目位置，清晰地反映食品真实属性的专用名称。

二看配料清单

食品配料清单标注的内容主要是各种原料、辅料和食品添加剂，除单一配料的食品外，标签上必须标明配料表，必须真实，且按含量的递减顺序排列。

三看查看食品净含量和沥干物（固形物）含量

（1）食品的净含量是包装内食品本身的实际重量，有三种标注方式：液态食品，用体积；固态食品，用重量；半固态食品，用重量或体积。

（2）半固态食品除净含量外，还必须标明该食品的固形物含量。

（3）同一个大包装内有小包装的食品除净含量外，还必须标明食品小包装的数量。

四看厂家名称及地址

生产者的名称和地址应当和营业执照一致。属于集团子公司、分公司及委托加工联营生产的，按照《产品标识标注规定》的要求进行标注。

五看生产日期（包装日期）、保质期（保存期）、保鲜期

这些是食品标签中极其重要的内容，必须明码标注。生产日期即食品加工或包装完成的日期。

保质期是食品的最佳食用期保质期，又称最佳食用期，是指在标签上规定的条件下，保持食品质量（品质）的期限。在此期限内，食品完全适于销售，并符合标签上或产品标准中规定的质量（品质）；超过此期限，在一定时间内食品仍然是可以食用的。

保存期可以理解为有效期，也称推荐的最终食用期，是指在标签上规定的条件下，食品可以食用的最终日期；超过此期限，产品质量（品质）可能发生变化，该食品不再适于销售。如果食品对环境影响较敏感的，还应注明食品的储藏方法。

保鲜期是一些企业为了使自己的产品更容易接近消费者的生活而在包装上打印的。但这种做法是否科学，保鲜期能够使产品的品质保证在什么范围内，还有待进一步考证。

六看质量等级及产品标准号

经检验合格的产品，应当附有产品质量检验合格证明(可以是合格印、章、标签等)。质量等级代表着食品的品质特性，要按产品标准(国家安全标准、行业标准)中的规定标注，此外还必须标注该产品的标准代号和顺序号。

质量安全标志

3. 选购“绿色食品”要认准绿色食品标志

绿色食品，特指遵循可持续发展原则，按照特定生产方式生产、经专门机构认证，许可使用绿色食品标志的无污染的安全、优质、营养类食品。之所以称为“绿色”，是因为自然资源和生态环境是食品生产的基本条件。与生命、资源、环境保护相关的事物在国际上通常冠之以“绿色”，为了突出这类食品出自良好的生态环境，并能给人们带来旺盛的生命活力，因此将其定名为“绿色食品”。

绿色食品标志，是由中国绿色食品发展中心在国家工商行政管理总局正式注册的证明商标，它由三部分组成，即上方的太阳、下方的叶片和中心的蓓蕾。绿色食品标志是绿色食品产品包装上必备的特征，既可防止企业非法使用绿色食品标志，也便于消费者识别。

绿色食品的国家安全标志有两类：

A 类标志，它表示产品的卫生符合严格的要求。

B 类标志，它不仅表示产品的卫生符合严格的要求，而且表示产品原料即在生产过程中化肥的使用有绝对限制，绝对不使用任何化学农药。

有机食品与绿色食品标志

绿色食品的技术等级也有两级：

AA 级绿色食品：生产地的环境质量符合《绿色食品产地环境质量标准》，生产过程中不使用化学合成的农药、肥料、食品添加剂、饲料添加剂、兽药及有害于环境和人体健康的生产资料

A 级绿色食品：生产地的环境质量符合《绿色食品产地环境质量标

准》,生产过程中严格按绿色食品生产资料使用准则和生产操作规程要求,限量使用限定的化学合成生产资料。

4. 走出“绿色食品”的误区

(1)纯天然的食品就是“绿色食品”

很多消费者认为,标签上标示着“纯天然”的食品就是无污染、健康、安全的绿色食品。其实不然,这一说法忽视了“纯天然”本身的环境因素。我国有些地方,虽然山清水秀,看起来生态环境挺好,但是“地方病”流行,比如高铅地区、高汞地区、高氟地区、缺碘地区。虽然这些地区并没有受到外界污染,但由于其本身环境原因,生长在这里的作物会吸收土壤中的有害元素,并富集于植物体内,吃了这种食物或以此为原料加工的食品都会对人体造成很大危害,因此“纯天然”食品并非都是“绿色食品”。

(2)不含添加剂的食品就是“绿色食品”

目前我国食品工业使用的添加剂中,有些添加剂是无害的(如火腿中添加的淀粉),有些少剂量使用的添加剂对人体的危害可小到忽略不计(如有些食品中使用的防腐剂等),所以,一味地排斥含有添加剂的食品,其实是一种消费误区,也不能把标签标示出“添加剂”作为鉴别“绿色食品”的标准。

(3)不使用化肥或是农药的食品就是“绿色食品”

事实上,某些化肥和农药在生产 A 级“绿色食品”过程中是可以限量使用的。另外,没有给农作物施用化肥和农药,并不等于农作物就生长在没有污染的环境中(如大气污染、水源污染),农作物长期生长在这种环境下,某些对身体有害的物质含量会超标,因此制成的食品就不能叫做“绿色食品”了。

5. 进口食品选购原则

(1)看经销商是否具有**“进口食品卫生证书”**

该证书是检验检疫部门对进口食品检验检疫合格后签发的，证书上注明进口食品包括生产批号在内的详细信息。只有货与证相符，才能证明该食品是真正进口的。

(2)看包装上是否有**中文标签**

制造者的名称、地址以及产品执行标准号可以免除，但经海关口岸的预包装食品应加贴临时中文标签和审批号(JW－××××)。标签的内容不仅要与外文内容完全相同，还必须包括以下几项内容：食品名称、配料成分、净含量和固体物含量，原产国家或地区，商品生产日期、保质期、贮藏指南、制造、包装、分装或经销单位的名称和地址，在中国国内的总经销商的名称和地址等。

(3)看是否贴有激光防伪的**“CIQ”标志**

“CIQ”是“中国检验检疫”的缩写，国家出入境检验检疫局规定，自2000年起，对经检验检疫合格的进口酒类、饮料类、乳制品类、糖果巧克力类、罐头类、坚果炒货类，以及定型包装的食品油类等食品统一加贴国家进出境检验检疫标志，该标志为圆形银色，印有中国检验检疫局的英文缩写“CIQ”字样。所以进口食品一般都有这个标志，没有则是非进口或通过非法渠道走私入境的食品。

第二章　小心黑心“添加剂”，注意有毒有害食品

1. 为什么会使用食品添加剂

食品添加剂是指用于改善食品品质、延长食品保存期、便于食品加工和增加食品营养成分的一类化学合成或天然物质，可以增加食品的色、香、味及防腐能力。营养强化剂、食品用香料、胶基糖果中基础剂物质、食品工业用加工助剂也包括在内。

使用添加剂一是为提升食品的色、香、味，增强消费者的购买欲望；二是为强化食品营养，在食品中增加脂肪、蛋白质和维生素以及矿物质等，如在奶粉中加入钙、锌元素等；三是防止食品腐败变质，延长食物保存期，在提高产品质量、降低成本方面也起着关键的作用。如果没有食品添加剂，食物就不能被妥善地制作或保存，就不会有这么多种类繁多、琳琅满目的食品。甚至可以说，没有食品添加剂，就没有现代食品工业，食品添加剂的发明与使用是人类文明的进步，是推动食品工业高速发展的重要支柱。

当然，使用食品添加剂的目的是为了使食品更有利于食用、保存和销售，并且绝不能损害身体健康。因而，使用食品添加剂时要遵循下面的原则：

(1)经食品毒理学安全性评价证明，在添加剂使用限量内长期使用对人体安全无害才可使用；

(2)添加剂必须不影响食品自身的感官性状和理化指标，对营养成分无破坏作用；

(3)添加剂产品应有国家颁布并批准执行的使用卫生标准和质量标准；

(4)添加剂在应用中应有明确的检验方法；

(5)添加剂的使用不得以掩盖食品腐败变质或以掺杂、掺假、伪造为目的；

(6)不得经营和使用无卫生许可证、无产品检验合格证及污染变质的食品添加剂；

(7)食品添加剂在达到一定使用目的后，能够经过加工、烹调或储存而被破坏或排除，不再被人体摄入则更为安全。

目前我国食品添加剂有 23 个类别，2000 多个品种，包括酸度调节剂、抗结剂、消泡剂、抗氧化剂、漂白剂、膨松剂、着色剂、护色剂、酶制剂、增味剂、营养强化剂、防腐剂、甜味剂、增稠剂、保鲜剂、品质改良剂、乳化剂、泡剂、凝固剂、疏松剂、发色剂、被膜剂、消泡剂、香料等。

2. 食用色素和防腐剂的安全

着色剂(食用色素)是使食品着色和改善食品色泽的物质，通常包括食用天然色素和食用合成色素两大类。食用天然色素来自天然物质，是利用一定的加工方法所获得的着色剂，主要是从植物组织中提取，也包括来自动物和微生物的一些色素，如焦糖色、天然红曲色素等。天然色素不稳定、着色力差、价格偏高，但安全感比合成色素高。食用合成色素主要指用人工化学合成方法所制得的色素，我国许可使用的食用合成色素有苋菜红、胭脂红、诱惑红、柠檬黄、日落黄、亮蓝、靛蓝等，合成色素颜色鲜艳，性质稳定，着色力强，价格偏低，但大众对其安全性有一定的担心。

其实食用色素在我国使用时间很早，古代就开始利用红曲色素来制造红酒。现在常用色素本身就是天然食物成分，食用合成色素在国家允许的范围内使用是安全的。只要按标准使用，就不会对健康造成危害。

但是，总有一些不法商贩为了追逐利益而过量添加色素，甚至用色素来掩盖变质食品。因此消费者在选择食品时，应避免购买过分鲜艳的食品，不要被其艳丽的外表所迷惑。同时注意，国家严禁在婴幼儿食品中使用任何人工合成色素。

食品防腐剂是食品添加剂中的一类，是指那些防止食品腐败、变质，延长贮存期，抑制食品中微生物繁殖的物质。食品防腐剂可以说是消费者误解最多的一个品种。由于知识的缺乏和某些误导，一些消费者把食品防腐剂与“有毒、有害”等同起来，从而把食品中的防腐剂看做食品中主要的安全隐患。其实防腐剂在食品保藏方面的作用是不可忽视的，它不仅可以保持食品原有品质和营养价值，还能抑制微生物活动、防止食品腐坏变质从而延长保质期。

我国允许添加防腐剂的食品有酱油、醋、酱菜、水果汁类、果酱类、面酱、碳酸饮料、蜜饯和罐头等。目前我国普遍使用的防腐剂有苯甲酸钠(用于碳酸饮料和果汁)、噻菌灵(用于水果、蔬菜)、丙酸钙(用于糕点、面包)、乳酸链球菌素(用于植物蛋白食品、乳制品、肉制品)、山梨酸及其钾盐(广泛用于多种食品)等29种。

我国允许使用的防腐剂有多数防腐剂是无毒和低毒的,只要按国家标准使用,即使长期食用也不会危害健康。人们应正确认识防腐剂,在国家规定范围内使用防腐剂对人体健康是安全的。

问题是现在很多生产企业不按国家标准,乱加、多加防腐剂,如果人体超量摄入,便会产生毒副作用,对胃、肝脏、肾脏造成危害。

只要是按国家标准添加的,就不用担心它会损害健康。儿童、孕妇等处于生长发育期的特殊人群,在食品安全方面更应该予以重视,建议尽量少给他们食用含有大量防腐剂的食品。

3. 面粉增白剂究竟有害还是无害

面粉增白剂也称过氧化苯甲酰,是我国面粉行业普遍使用的一种食品添加剂,其是否有害?特别是部分面粉超标使用是否有毒?一直是公众密切关心的问题。

过去,面粉中没有添加氧化苯甲酰时,新加工出来的面粉一般需要20～30天的“后熟”贮存,就是利用空气中的氧把面粉中的β-胡萝卜素(黄色)氧化掉,同时破坏面粉中的巯基,使其失去活性。这就是面粉越放越白的道理(民间有“米吃新、面吃陈”的说法)。而在面粉中添加了过氧化苯甲酰后,2～3天就可完成面粉的“后熟”,而且可以改善粉色,加强面粉弹性,抑制微生物滋生,降低了面粉因长期贮存带来的霉变风险,同时也没有破坏面粉的营养性。所以,只要按国标正常添加面粉增白剂,是不会对人体造成危害的。我国食品在面粉中允许添加最大剂量为0.06克/千克。

很多消费者错误地认为面粉越白越好,经销商往往以面粉白不白作为选择的首要条件。有些面粉企业为了迎合市场,在加工面粉时有意超量添加增白剂,达到增加销售的目的。过量添加过氧化苯甲酰不仅会破坏小麦粉中的营养成分,还会影响人体健康。特别是长期过量食用,对肝脏功能会有严重损害。对于一些不法经营者使用有毒添加剂——吊白块(雕白粉)用于面粉漂白的现象,更要坚决打击和防范。

可见,面粉增白剂合理添加,绝不至于有损健康;但对于非法添加,就需特别留意和小心了。

4.甜味剂合理使用就无害

甜味剂是指赋予食品甜味的食品添加剂。按来源可分为:

(1)天然甜味剂,又分为糖醇类和非糖类。其中①糖醇类有:木糖醇、山梨糖醇、甘露糖醇、乳糖醇、麦芽糖醇、异麦芽糖醇、赤鲜糖醇;②非糖类包括:甜菊糖甙、甘草、奇异果素、罗汉果素、索马甜。

(2)人工合成甜味剂其中磺胺类有:糖精、环己基氨基磺酸钠、乙酰磺胺酸钾。二肽类有:天门冬酰苯丙酸甲酯(又称阿斯巴甜)、1-a-天冬氨酰-N-(2,2,4,4-四甲基-3-硫化三亚甲基)-D-丙氨酰胺(又称阿力甜)。蔗糖的衍生物有:三氯蔗糖、异麦芽酮糖醇(又称帕拉金糖)、新糖(果糖低聚糖)。

此外,按营养价值可分为营养性和非营养性甜味剂,如蔗糖、葡萄糖、果糖等也是天然甜味剂。由于这些糖类除赋予食品以甜味外,还是重要的营养素,供给人体以热能,通常被视作食品原料,一般不作为食品添加剂加以控制。

每100克食品中所有单糖和双糖的含量低于0.5克,就可称为无糖食品。但因为单糖和双糖有很多种,如葡萄糖、果糖、半乳糖、蔗糖、乳糖,等等,所以很难检测与界定。市场上的无蔗糖食品,如无蔗糖藕粉、无蔗糖黑芝麻糊、无蔗糖饼干、无蔗糖糕点等,这种食品中未添加蔗糖,为保证食品的口感而添加了一些甜味剂,如甜蜜素、阿斯巴甜、木糖醇等。甜味剂只要合理使用,对人体是无害的。糖尿病患者为控制血糖,肥胖者为控制体重,都喜欢选择无蔗糖食品,以避免血糖的升高,减少能量的摄入。

但请注意,一些无蔗糖食品如无蔗糖藕粉、无蔗糖饼干、无蔗糖糕点中含有大量的淀粉,淀粉消化吸收后可以使血糖上升,也可以提供能量,因此糖尿病患者和肥胖者也不要任意大量进食无蔗糖食品。

5. 护色剂要严格控制使用

护色剂又称发色剂。在食品的加工过程中,为了改善或保护食品的色泽,除了使用色素直接对食品进行着色外,有时还需要添加适量的护色剂,使制品呈现良好的色泽 。

护色剂主要是用在肉及肉制品中,是能与肉及肉制品中呈色物质作用,使之在食品加工、保藏等过程中不致分解、破坏,呈现粉红色的物质。主要有硝酸盐(钠或钾)或亚硝酸盐。

亚硝酸盐护色的原理是亚硝酸盐产生的一氧化氮与肉类中的肌红蛋白和血红蛋白结合,生成一种具有鲜艳红色的亚硝基肌红蛋白和亚硝基血红蛋白。亚硝酸盐使用过量具有一定的毒性,但由于它既可护色,还可防腐,尤其是防止肉毒梭状芽孢杆菌中毒,而且直到目前为止,尚未见有既能护色又能抑菌,且能增强肉制品风味的替代品,因此,目前各国都在保证安全和产品质量的前提下允许严格控制使用。我国批准许可使用的护色剂为硝酸钠和亚硝酸钠,亚硝酸钠的残留量为:肉类罐头中小于0.05克/千克,肉制品中小于0.03克/千克,腌制盐水火腿中小于0.07克/千克。火腿肠中的亚硝酸盐过量时,颜色异常粉红。

亚硝酸盐是添加剂中急性毒性较强的物质之一,是一种剧毒药,可使正常的血红蛋白变成高铁血红蛋白,失去携带氧的能力,导致组织缺氧。其次亚硝酸盐为亚硝基化合物的前体物,其致癌性引起了国际性的注意,因此,各方面要求把硝酸盐和亚硝酸盐的添加量,在保证护色的情况下,限制在最低水平。

抗坏血酸与亚硝酸盐有高度亲和力,在体内能防止亚硝化作用,从而几乎能完全抑制亚硝基化合物的生成。所以在肉类腌制时添加适量的抗坏血酸,有可能防止生成致癌物质。

6. 漂白剂最重要的是小心残留

漂白剂是破坏、抑制食品的发色因素，使其褪色或使食品免于褐变的物质。目前使用的漂白剂大都为二氧化硫、硫黄、亚硫酸及其盐类化合物。它们通过其所产生的二氧化硫的还原作用可使食糖、冰糖、粉丝、干果、蜜饯、蘑菇、果酒、葡萄酒、竹笋等达到漂白或防腐的目的。漂白剂除可以改善食品色泽外，还具有抑菌等多种作用，在食品加工中应用甚广。但这类物质有一定毒性，应在控制使用量的同时严格控制其在食品中的残留量。比如，粉丝不用漂白剂时为灰白色，感官不好，通过使用漂白剂后为白色，感官很好，但国家标准要求二氧化硫残留量小于 0.1 克/千克。

亚硫酸盐在人体内可被代谢成为硫酸盐，通过解毒过程从尿中排出。亚硫酸盐这类化合物不适用于动物性食品，以免产生不愉快的气味。亚硫酸盐对维生素 B_1 有破坏作用，故维生素 B_1 含量较多的食品如肉类、谷物、乳制品及坚果类食品也不适合。因其能导致过敏反应而在美国等国家的使用受到严格限制。

现在，电视里、网络上曝光了许多黑心商贩用硫黄熏蒸食品的报告，使很多人对硫黄很恐怖，其实也大可不必。

有些时候用硫黄熏蒸食品也是允许的。比如使用硫黄熏蒸干桂圆是可以的，通过熏蒸，达到漂白桂圆、防止腐坏的作用，但如果硫黄熏蒸时间过长，二氧化硫浓度过高，可能造成其表面残留量超过国家卫生标准。

我们选购时该怎么办？首先，我们要闻一闻桂圆表面是否有含硫异味，无异味再购买；其次，回家以后将桂圆放在通风处摊开，让可能含有的二氧化硫尽可能挥发一下；最后，食用时，用手剥开，避免口唇接触鲜桂圆的果壳。

7. 防范“食品添加剂”陷阱

(1)在超市买东西，务必养成翻过来看“背面”的习惯。尽量买含添加剂少的食品。

(2)选择加工度低的食品。买食品的时候,要尽量选择加工度低的食品。加工度越高,添加剂也就越多。请不要忘记,光线越强,影子也就越深。

(3)"知道"了以后再吃。希望大家在知道了食品中含有什么样的添加剂之后再作决定吃。

(4)不要直奔便宜货——便宜是有原因的,在价格战的背后,有食品加工业者在暗中活动。

(5)具有"简单的怀疑精神"。"为什么这种明太鱼子的颜色这么漂亮?""为什么这种汉堡包会这么便宜?"具备了"简单的怀疑"精神,在挑选加工食品的时候,真相自然而然就会显现。

(6)几乎所有加工过的食品都添加了食品添加剂,只不过是在安全的范围之内而已。所以,凡包装上标注有"不含任何添加剂"这样的话,都是不可相信的。

8. 特别须小心的有毒非法添加剂

(1)"苏丹红一号"

这是一种红色的工业合成染色剂。在我国以及世界上多数国家都不属于食用色素,但却常被非法应用于肉、蛋等多种食品中,如肯德基的番茄酱及一些不法商贩制作的辣椒酱等食品中都非法添加了这种有毒物质,还有如 2006 年出现的红心鸭蛋亦由此所致。"苏丹红一号"会产生一种叫"苯胺"的物质,这是一种中等毒性的致癌物。过量的"苯胺"被吸入人体,可能会造成组织缺氧,呼吸不畅,引起中枢神经系统、心血管系统和其他脏器受损,甚至导致不孕症。

(2)三聚氰胺

俗称"蛋白精",是一种含氮原子的有机化合物,属化工原料,主要用于生产塑料,也是涂料、造纸、纺织、皮革、电器等不可缺少的原料。

正常情况下,测定牛奶蛋白质含量的高低,是以蛋白质含氮量的高低来测算的,牛奶蛋白质的含氮率约 16%,一些不法商贩给牛奶中兑水后,蛋白质含量自然会降低,含氮量也随之降低。为了在各种检测时蒙混过关，就在牛奶中掺入含氮量高达66%的三聚氰胺，冒充蛋白质，这也就是三聚氰胺被称为“蛋白精”的由来。

人食用含有三聚氰胺的食品后，可导致泌尿系统产生结石等疾病。2008年发现的以三鹿婴幼儿奶粉为代表的“毒奶粉”事件即由此物导致。

(3)吊白块

吊白块是甲醛亚硫酸氢钠，也叫吊白粉、“雕白粉”。由锌粉与二氧化硫反应生成低亚硫酸等，再与甲醛作用后，在真空蒸发器浓缩，凝结成块而制得。“吊白块”呈白色块状或结晶性粉状，易溶于水。常温时较稳定，易溶于水(其水溶液在60℃以上就开始分解出有害物质)，温度稍高(120℃以下)或遇酸、碱即可分解为甲醛和二氧化硫等有毒气体，是一种禁用于食品的工业漂白剂，主要用印染行业。

近年来一些不法生产者把“吊白块”添加到面粉、米粉、粉条粉丝等食物中进行增白、增韧，人食用这类食品后可引起慢性中毒、过敏，严重者可以致癌。吊白块水溶液在120℃以下分解为甲醛、二氧化碳和硫化氢等有毒气体，可使人头疼、乏力、食欲差，严重时甚至可致鼻咽癌等。人食用添加吊白块的食品，容易引起中毒、过敏等症状，甚至导致骨髓萎缩，人体摄入10克即可致死。

2002年7月9日，国家质量监督检验检疫总局制定颁布文件，禁止在食品中使用次硫酸氢钠甲醛(吊白块)，文件明确规定：任何食品生产、加工企业和个人不得在生产加工食品过程中使用吊白块，或以掩盖食品腐败变质和增加色度、韧性、保质期等为由向食品中添加吊白块。

(4)瘦肉精

学名叫盐酸克伦特罗，又名氨哮素、克喘素，是一种白色或类白色的结晶性粉末，无臭，味苦，常被不法分子添加在饲料中，用于增加家畜家禽的体重和提高瘦肉含量。含瘦肉精的猪肉会呈现明显的无脂肪现象，且肉质鲜红。瘦肉精对人体有很强的毒副作用，对人体心脏、肺脏、肾脏、血管、代谢等功能有严重影响。长期食用还有致癌致畸的可能。国家明令严禁非法生产、销售、使用“瘦肉精”。

(5)甲醛

一种无色、有强烈刺激气味的气体，在常温下是气态，通常以水溶液形式出现，其40%的水溶液称为福尔马林(常被用于尸体防腐)。各类人造板材、涂料和油漆中含有一定甲醛，新装修的房间、家具常常是甲醛危害严重的地方。有的不法商贩常用甲醛溶液浸泡毛肚、鱿鱼、鱼虾等产品来防腐增色。甲醛为较高毒性的物质，在我国有毒化学品优先控制名单上高居第二位，已被世界卫生组织确定为致癌致畸形物质。长期低剂量接触可引起慢性呼吸道疾病、结肠癌、脑瘤、月经紊乱、白血病、青少年智力下降等。

(6)甲醇

又称木醇或木精，是无色有酒精气味易挥发的液体，可用作溶剂和燃料，也是一种化工原料。工业酒精中大约含有4%的甲醇，常被不法分子当作食用酒精制作假酒，人饮用后会产生中毒。甲醇毒性较强，对人体神经系统和血液系统影响最大。人误饮5～10毫升甲醇能双目失明，大量饮用会导致死亡。致命剂量大约是70毫升。

(7)硫黄

用含硫物质或含硫矿物，经炼制升华的结晶体，主要作药用，味酸性温有毒。外用止痒杀虫疗疮，内服补火助阳通便。硫黄燃烧易熔融，发蓝色火焰，并放出刺激性的二氧化硫臭气，有漂白、防腐作用。一些商贩常用硫黄熏制生姜、土豆、桂圆、银耳、馒头、鲜竹笋等，常食此类用硫黄熏制的食品对人体健康有害。

(8)孔雀石绿

一种带有金属光泽的绿色结晶体，又名碱性绿、严基块绿、孔雀绿，既是杀真菌剂，又是染料，易溶于水，溶液呈蓝绿色。长期以来，渔民都用它来预防鱼的水霉病、鳃霉病、小瓜虫病等，而且为了使鳞受损的鱼延长生命，在运输过程中和存放池内时，也常使用孔雀石绿。科研结果表明，孔雀石绿在鱼体内残留时间太长，具有高毒素、高残留和致癌、致畸、致突变等副作用。鉴于此，许多国家均将孔雀石绿列为水产养殖禁用药物。我国亦将孔雀石绿列入食品动物禁用兽药。

(9)双氧水(过氧化氢)

为无色无味的液体。医用双氧水是消毒剂(浓度3%左右)；工业上用于漂白，作强氧化剂、脱氯剂、燃料等(浓度10%左右)。双氧水添加在食品中有漂白、防腐和除臭等作用。因此，部分商家将一些水发食品如虾仁、带鱼、鱿鱼、海蜇、鱼翅和牛百叶、水果罐头等违禁浸泡双氧水漂白防腐。少数商贩将发霉水产干品经浸泡双氧水漂白后重新出售，或为消除病死鸡、鸭或猪肉表面的发黑、淤血和霉斑，将这些原料浸泡在高浓度双氧水中漂白，再添加人工色素或亚硝酸盐发色出售。人的皮肤、眼睛、呼吸道、食道接触双氧水后，会产生较强的刺激伤害作用。长期食用双氧水食品会对人体形成潜在危害。

(10)硼砂

也叫粗硼砂，为硼酸钠的俗称，为白色或无色结晶性粉末，是一种既软又轻的无色结晶物质。硼砂有着很多用途，我们熟悉的如消毒剂、保鲜防腐剂、软水剂、洗眼水、肥皂添加剂、陶瓷的釉料和玻璃原料等，在工业生产中硼砂也有着重要的作用。

硼砂因为毒性较高，世界各国多禁用为食品添加物。硼砂对人体健康的危害性很大，连续摄取会在体内蓄积，妨害消化道的酶的作用，其急性中毒症状为呕吐、腹泻、红斑、循环系统障碍、休克、昏迷等所谓硼酸症。

硼砂也是我国禁止使用的有毒食品添加剂。硼砂加到食品中，可以防腐、增加食品的柔韧度和弹性，以及作为膨胀剂来改变食品外观。人吃了这种食品后，硼砂会在体内蓄积，排泄较慢，影响人的消化功能。如果食用超过 0.5 克，即引起食欲减退，营养吸收障碍，体重下降，过量则会造成食物中毒。人体若摄入过多的硼，会引发多脏器的蓄积性中毒。硼砂的成人中毒剂量为 1～3 克，成人致死量为 15 克，婴儿致死量为 2～3 克。

另外还有柠檬黄、碱性橙Ⅱ、罂粟壳、硫氰酸钠、玫瑰红 B、美术绿、碱性嫩黄、工业用火碱等多种非法的添加剂。这些添加剂都不同程度地对人体健康有伤害。

非食品添加剂会严重危害消费者健康，在采购食品时尤应注意鉴别。例如：看起来特别白净鲜亮的鱼虾、毛肚、鱿鱼等产品，或许用甲醛浸泡过；烧、烤、酱等肉类制品若有诱人的鲜红色，要提防使用了过量的亚硝酸盐；过于鲜艳的辣椒红色或蛋黄红色，可能是添加了苏丹红；颜色很白或口感过分筋道的面食，则可能添加了过量的增白剂或增筋剂。

9. 厘清转基因食品的安全界限

所谓转基因食品就是利用现代生物技术，将某些生物的优势基因转移到另到另一个物种中去，改造这个生物的遗传物质，使其在性状、营养品质、抗病耐储、消费品质等方面向人们所需要的目标转变。简单说，转基因食品就是移动动植物的基因并加以改变，制造出具备新特征的食品种类。

转基因食品可以增加食物营养，提高附加值；可以增加食物种类，提高食物品质；可以解决粮食短缺问题；可以减少农药的使用，避免环境污染；可以节省生产成本，降低食物售价；还可以促进生产效率，带动相关产业的发展。

转基因食品的基本原理也不难理解，它与常规杂交育种有相似之处(比如杂交水稻)。杂交是将整条的基因链(染色体)转移，而基因转移是选取最有用的一小段基因转移。因此，转基因比杂交具有更高的选择性。

转基因生物直接食用，或者作为加工原料生产的食品，统称为转基因食品。主要包括有以下几类：

(1)植物性转基因食品

例如抗虫玉米或大豆，就是向玉米或大豆中转入一种细菌的基因，这种基因能产生杀虫毒素，从而使这种玉米、大豆具有防治虫害的功能；再如小麦品种含蛋白质较低，将某个物种的高蛋白基因转入小麦，这样生长出的小麦就会含有较高的蛋白质；还有，在西红柿中加入其他植物的抗衰老基因，这种西红柿就具有抗衰老、抗软化、耐贮藏的功能，就不容易变软和腐烂了。

(2)动物性转基因食品

例如在猪的基因组中转入人的生长素基因，猪的生长速度增加了一倍，猪肉质量大大提高；在牛体内转入了人的基因，牛长大后产生的牛乳中含有基因药物，提取后可用于人类病症的治疗。

(3)转基因微生物食品

如利用转基因微生物可以在体外大量产生凝乳酶，来生产奶酪，从而大大降低生产成本。

(4)防治疾病的转基因食品

例如将普通的水果、蔬菜、粮食等农作物，植入某种抗病基因，使之变成能预防疾病的转基因食品，让人们在食用家常便饭、鲜果蔬菜的同时，达到防病治病的目的。

现在人们最担心的就是转基因食品的安全问题。因为转基因食品还是一种新生事物，是人为制造出来的新的科技产物，科学界目前对于转基因食品的安全性还没有一个定论，现在的科技手段还不能确定其对人类和环境的有害性，存在着较多的争论和分歧。

但是最新的研究成果已经表明，转基因食品确实存在着巨大的潜在危害。2010 年 4 月 15 日至 6 月 5 日，在俄罗斯一年一度的环境危害防御活动中宣布了一项耸人听闻的独立研究的结果。科学家已经证明：转基因生物对哺乳动物是有害的。研究人员发现，食用转基因食品的动物将失去繁殖能力。实验选择农业中广泛应用的含有不同比例转基因成分的普通大豆，喂养具有快速繁殖率的坎贝尔仓鼠 2 年。另外一组比对仓鼠，喂以在塞尔维亚难以发现的纯大豆，因为世界上 95%的大豆是转基因大豆。

转基因食品标志

实验由俄罗斯全国基因安全协会和生态与环境问题研究所联合进行。Alexei Surov 博士说："我们将仓鼠分成若干组，在笼中成对以普通食物喂养。第一组不喂任何东西，另一组喂含不有转基因成分的大豆，第三组的含有一些转基因成分，第四组喂大量的转基因食品。监控它们的行为、体重变化以及产仔时间。起初，一切顺利。但是当从幼仔中选择了新的并继续按照前述方式进行喂养时，我们注意到了相当严重的影响。这些子代仓鼠成长缓慢，性成熟缓慢。当它们生出下一代仓鼠时我们称其为第三代。用转基因食品喂养的仓鼠没有生出下一代，这证明它们失去了生育能力。"

科学家们还发现另一个令人惊讶的危害，第三代仓鼠的口中长出了毛发。目前研究人员还不明白为什么动物食用转基因食品时，会产生破坏性的效果。他们说，只有通过停止吃这些食品才可以消除这些影响。因此，科学家建议禁止转基因食品，直到它们被证明具有生物安全性。俄罗斯科学家的研究结果与法国和奥地利的一致。

其实早在1998年8月,英国罗伊特研究所教授普兹泰就发现,老鼠食用了转基因土豆之后,老鼠发生器官生长异常,体重和器官重量减轻,免疫系统遭到破坏;美国也有一些害虫的天敌因转基因植物致死的报道;2005年5月22日,英国《独立报》又披露了知名生物技术公司"孟山都"的一份报告,以转基因食品喂养的老鼠出现器官变异和血液成分改变的现象。这些消息在带给全世界震惊的同时,也使更多的人怀疑食用转基因原料制成食品的安全性。

1998年,美国媒体报道了对英国普兹泰教授的专访,他警告人们关注未充分证明其安全性就已经推广的转基因食品。

综合科学家的研究,转基因食品的危害有以下方面:

(1)未进行较长时间的安全性试验:基因化食品改变了我们所食用食品的自然属性,它所使用的生物物质不是人类食品安全提供的部分,未进行长时间的安全试验,没有人知道这类食品是安全的。

(2)产生毒素:基因化食品能产生不可预见的生物突变,会在食品中产生较高水平和新的毒素。Losey, J. E.等(1999)报道,在一种植物马利筋叶片上撒有转基因Bt(转基因)玉米花粉后,普累克西普斑蝶食用叶片就少,长得慢,4天的幼虫的死亡率44%。而对照组(饲喂不撒Bt玉米花粉的叶片)无一死亡。转基因作物产生的杀虫毒素可由根部渗入周围,但尚不清楚会产生何种影响。

(3)过敏或变态反应:基因技术会在食品中产生不能预见的和未知的变态反应原。据报告,对巴西坚果产生过敏的主体也会对用该坚果基因工程化而得到的大豆产生过敏。科学家把巴西胡桃的特性移植到黄豆上去,结果却使一些对胡桃过敏的人在摄取黄豆时有过敏的可能。植物凝血素(Lectin)对有些害虫来说是有毒的,转基因食品不得含有此类有毒物质。

(4)减少食品的营养价值或降解食品中重要的成分:基因化的目的是去除或灭活人们认为不需要的物质,这些物质可能是未知的,但它是基本的。比如它有自然的抑制癌症的能力(Pariza, M. W., 1990)。

(5)产生抗菌素耐药性细菌:基因技术采用耐抗菌素(如抗卡那霉素、氨苄青霉素、新霉素、链霉素等)基因来标识转基因化的农作物,这就意味着农作物带有耐抗菌素的基因。这些基因通过细菌而影响我们。

荷兰科学家发表在《新科学家》杂志的试验结果称，设计一个人造胃，对人消化转基因食物的过程进行模拟，发现 DNA 滞留在肠内，同时一些转基因细菌能够把自己的抗生素抗性基因转移给人造胃的细菌。如果类似结果发生在人和动物体内，就可能培养出功效最强的、抗菌素也无法杀死的超级细菌。

(6)副作用能杀害人体：Mayeno，A. N. 等(1994)报告，发生一种新的不明原因的病症，主要表现为嗜酸性肌痛。临床表现有麻痹、神经问题、痛性肿胀、皮肤发痒、心脏出现问题，记忆缺乏、头痛、光敏、消瘦(Brenneman，D. E. 等，1993；Love，L. A. 等，1993)。后查明系日本一公司生的基因化工程细菌产生的色氨酸所致。食用者在 3 个月后发病，导致 37 人死亡，1500 人体部分麻痹，5000 多人发生偶尔性无力。据测定，含量为 0.1%便可杀死一个人。

既然转基因食品已经被证明是有害的，那么，如果可以，我们就尽量不食用转基因的食品。如果一定要食用，也尽量少吃。购买的时候一定注意看标识，标有转基因食品就要慎重选择了。

第三章　主食的安全鉴别和选购方法

1. 有毒大米的鉴别

有毒大米也就是陈化粮，即长期储藏、已经变质的粮食，其中可能含有黄曲霉菌。黄曲霉菌在特定的高温高湿环境下会产生黄曲霉毒素。而黄曲霉毒素毒性极强，被列为极毒，其毒性是人们熟知的剧毒药氰化钾的10倍，是砒霜的100倍。黄曲霉毒素也是目前发现的化学致癌物中致癌性最强的物质之一，国际癌症研究所将其定为一级人类致癌物。其毒性作用主要是对肝脏产生损害。

而且黄曲霉毒素水溶度低，耐高温，在一般烹调条件下不易被破坏。国家规定，食品中黄曲霉毒素的最大含量为每千克不超过10微克。

但是，市场上经常有些不法商贩将发霉变黄的陈化米经矿物油抛光、吊白块漂白等工艺加工后，变成颜色白净的"新米"，但这只是颜色变了，毒性却并没有减少，这就是我们说的有毒大米。偶尔食用会对消费者消化系统产生危害，导致呕吐、腹泻、头晕；长期食用则可诱发肝癌等消化系统的恶性肿瘤。

购买时可从以下方面来鉴别：

看价格：毒大米一般比正常新米价格便宜许多，外包装上大多没有厂址及生产日期，购买时一定要注意，不可一味贪图便宜。

辨颜色：经过简单加工的陈化米颜色明显发黄。

看形状：经过长年储存的大米比正常大米颗粒小，且比较细碎。

闻味道：如果米有霉味是肯定不能食用的，一些商贩为了掩盖霉味会添加一些香精，如闻到米有天然米香之外的其他香味，也应引起注意。

试手感：矿物油是用来抛光陈化米的主要原料，如果大米摸上去有黏黏的感觉，则很可能是加了矿物油。把大米放入水中，如水面出现油花，也能说明大米中被掺入了矿物油。

矿物油是石油提炼所产生的副产品（下脚料）的总称，也称基础油，其中的多环芳烃、苯并芘、荧光剂等杂质对人体有致畸形、致癌作用。

用毒大米制成米粉，品质更难鉴别，购买时尤需注意。米粉如有霉味，可能是用陈化米制成的；如有异香，可能是生产者为掩盖霉味添加了香精。另外，颜色过白的年糕也不宜食用，它可能是用漂白的劣质米制成的。

2. 增白剂超标面粉

过量使用增白剂，会致使面粉的氧化剧烈，造成面粉煞白，甚至发青，失去面粉固有的色、香、味，破坏面粉中的营养成分，降低面粉的食用品质。若长期食用含过量增白剂的面粉及其制成品，会造成苯慢性中毒，损害肝脏，易诱发多种疾病。辨别方法主要从以下方面来注意：

(1)**看色泽**：未加增白剂的面粉呈微黄色或白里透黄；加了增白剂的面粉呈雪白色；增白剂严重超标或加了增白剂而存放时间过长的呈灰白色。

(2)**闻气味**：加增白剂的面粉有麦香味；加了增白剂的面粉香味很淡，甚至有化学药品气味。

(3)**尝口味**：增白剂的面粉淡甜纯正；加了增白剂的面粉微苦，有刺喉感。

国家安全标准规定，增白剂在小麦粉中的最大使用量是 0.06 克/千克，依据国际社会公认的“丹麦预算法”来推算，增白剂在面粉中最大使用量应为 1.6 克/千克。

用增白剂超标的面粉制咸的面条、挂面、方便面等食品更难鉴别，在购买时要格外小心，在正规销售点购买。

3. 挂面的鉴别和选购

挂面又称卷面、筒子面。随着人民生活水平的提高，各种中高档花色挂面品种不断进入市场，形成了以主食型、风味型、营养性、保健性共同发展的格局，受到广大消费者的欢迎。超市里销售的挂面琳琅满目，质量也良莠不齐，消费者一定要仔细查看其品质，防止买到劣质品、变质品。

(1)**看外表**：除检查标签是否符合规格外，还要注意观察纸包装糨糊涂过的部位，这里易受潮，发霉、虫蛀，此外产品包装上的标识完整，包装紧实，两端整齐，竖提起来不掉断条。

(2)**看内质**：挂面在整捆的某一端会有透明包装或封口，从这里看，好的挂面色泽洁白，稍带淡黄，如果面条颜色变深，或呈褐色，则说明已变质，另外，好的挂面应无杂质、无霉变、无虫蛀、无污染。

(3)**试筋力**：能抽出一根挂面，则可以用手捏首两端，轻轻弯曲，上好的挂面弯曲度能达到5厘米以上。

(4)**闻气味**：如果不是完全密闭包装，可以嗅闻一下产品的气味，应无霉味、酸味及其他异味，但花色挂面应具有添加辅料的特殊香味。

挂面买回家，煮熟后不煳、不浑汤，口感不黏，不牙碜，柔软爽口的即是优质产品；如果不耐煮，没有嚼劲，说明湿面筋含量太低；如果面条口感太硬，说明湿面筋含量太高。

4.“硫黄馒头”的鉴别

为了让馒头看上去更白，不法商贩用硫黄熏制馒头，经过熏制的馒头被称为“硫黄馒头”。用硫黄熏蒸食品时，硫与氧结合生成二氧化硫，遇水则变成亚硫酸，亚硫酸不仅破坏食品中的维生素B_1，还与食品中的钙结合形成不溶性物质，不仅影响人体对钙的吸收，还刺激胃肠。硫黄中还含有铅、砷、铊等成分，在熏蒸过程中会生成铅蒸气、氧化砷、氧化铊等可挥发性有毒物质。如果熏蒸食品用的是工业用硫，食用后会中毒。

此外，二氧化硫还原出的铅一旦进入人体就很难排出，长期积累会危害人体造血功能，使胃肠道中毒，甚至还会毒害神经系统，损害心脏、肾脏功能。血液中铅含量过高会影响儿童的身体和智力的发育。铅对孕妇和胎儿的危害更大。

如果馒头白得出奇，而且表皮光亮，手搓时易碎，吃起来有特殊味道，就可能用硫黄处理过；被硫黄熏过的馒头仔细闻有硫黄气味。国家安全标准规定1千克食品中二氧化硫残留量不得超过100毫克。

5."荧光粉面条"、"洗衣粉油条"

荧光粉又叫做荧光增白剂或荧光漂白剂,在日本称为"荧光染料",我国将它列为印染助剂类。在面粉做成食品时增白效果特别明显,于是有人在蒸馒头、压面条时加入荧光粉。荧光粉被人体吸收后,不像一般化学成分那样被分解,而是在人体内蓄积,大大削弱人体免疫力。荧光粉一旦与人体中的蛋白质结合,只能通过肝脏的酵素分解,加重肝脏负担。荧光类物质还可导致细胞畸变,如接触过量,毒性累积会成为潜在的致癌因素。所以,这种食品是很危险的,一定要注意辨别。

荧光粉用肉眼很难识别,所以消费者要到正规的主食店铺去购买馒头、面条等面食;不要购买看上去白得不自然的馒头、面条;当然有时间的话最好自己蒸馒头、擀面条。

还有一些不法商贩,用洗衣粉作发酵剂掺入面粉中,由于洗衣粉中含有碱和发泡剂,发出的馒头又大又白,炸出的油条外观很粗、里面也很白。人一旦食用,会出现不同程度的中毒症状,严重者会危及生命。更需要我们提高警惕,小心防范:

(1)看外观:掺有洗衣粉的馒头、油条表面特别光滑,若对着光源看,依稀可见浮着的闪烁的小颗粒,这是洗衣粉中的荧光物质。

(2)看质地:用酵母、纯碱、明矾发出的馒头,质地松软,掰开后断面呈海绵状,气孔细密均匀;而掺有洗衣粉的馒头,在断面处有大孔洞。

(3)闻味道:正常发酵的馒头或油条,有固有的发酵或油炸香味,不正常发酵的口感平淡。

(4)用水泡:有洗衣粉的馒头较易松散。

6.米、面速冻食品的鉴别

速冻米、面制品,是指以小麦粉、大米、杂粮等粮食为主要原料,或同时配以单一或由多种配料组成的肉、蛋、蔬菜、果料、糖、油、调味品为馅料，经成形，熟制或生制，包装，并经速冻而成的食品。一般市场上常见的速冻小包装食品如速冻饺子、馄饨、包子、烧卖等都属于此类食品，按馅料的原料组成可分为四大类：

(1) 肉类：如速冻鲜肉水饺、小笼包等。

(2)含肉类：如菜肉水饺、菜肉馄饨等。

(3)无肉类：如豆沙包、奶黄包等。

(4)无馅类：如刀切馒头、芝麻饼等。

速冻米、面制品要求在20～60分钟内将产品的中心温度降到－18℃的冷冻食品，它强调的是在短时间(20～60分钟)内迅速降温，否则就不是速冻食品。速冻食品由于冻结速度快，食品的冰晶小，能最大程度保存食品的风味、营养，对食品内部结构的破坏小，再加热时，食品能基本恢复原状。如果不是速冻而成，产品就会出现表面干燥、有裂纹、变硬的现象，产品的风味、口感就差，食品的营养价值就会下降。

(1)看贮藏条件：速冻米、面制品一般要求在－18℃以下的的冷藏库内贮藏，如果销售商储存条件达不到要求，即使产品还在保质期内，但是因为温度的影响，内部质量是无法保证的，消费者食用后可能会引起意想不到的麻烦。

(2)看包装是否完整：“散装”作为速冻食品的一种降低成本、增大销售量的销售方式，已经成为速冻食品的重要销售方式，而且这种方式已经被一部分消费者所接受。可是这些食品虽然价格相对便宜，但容易受到污染，不符合食品卫生要求。因此尽可能不要购买散装速冻食品，而要选择包装材料好，包装完整，文字说明印刷清晰的带包装产品。

(3)看标签是否清楚：产品外包装应标明产品名称、配料表、净含量、制造商名称和地址、生产日期、保质期、贮藏条件、食用方法、产品标准号、“生制”或“熟制”、馅料含量占净含量的配比等；还应标明保存条件、食用方法等。

(4)看实体是否齐正：选择包装密封完好、包装袋内产品无黏结、无破损和变形的产品。包装袋内应没有冰屑，如袋内有较多冰屑，则可能是产品解冻后又冻结造成的，质量已受到影响。

7. 大豆鉴别的方法

大豆古称菽，黄、青、黑、褐、双色等各色大豆的总称。根据大豆的种皮颜色和粒形分为五类：

黄大豆：种皮为黄色，按其粒形分为东北黄大豆和一般黄大豆。东北黄大豆粒形多为圆形、椭圆形，有光泽或微光泽，脐色黄褐、淡褐或深褐色；一般黄大豆粒形较小，多为扁圆和长椭圆形，脐色为黄褐、淡褐或深褐色。

青大豆：种皮为青色，按其子叶的颜色分为青皮青仁大豆和青皮黄仁大豆。

黑大豆：种皮为黑色，按其子叶的颜色分为黑皮青仁大豆和黑皮黄仁大豆。

其他大豆：种皮为褐色、棕色、赤色等单一颜色的大豆。

感官鉴定大豆的质量可从以下四个方面来检验：

一看皮色：大豆的皮色不仅与品种有关，而且与生长环境有关。雨量适当，成熟期间日照充足，大豆的皮色光彩油亮，根据光亮程度，可鉴别大豆的质量。一般地说，皮面洁净有光泽，颗粒饱满且整齐均匀的是好大豆，反之质量较次；

二看脐色：大豆的脐色是鉴别大豆质量的标准之一。脐色一般可分为黄白色、淡褐色、褐色、深褐色及黑色五种。其中以黄白色或淡褐色的质量较好，褐色或深褐色的质量较次；

三看豆肉：豆肉(即子叶)为深黄色的含油量多，豆肉为淡黄色的含油量较少；

四看水分：大豆含水分多少可用牙齿磕试，干脆的水分少，质量好；发软的水分较高，质量次。

第四章　肉、禽、蛋类的鉴别与选购方法

1.猪肉质量的一般鉴别方法

1.外观鉴别

(1)新鲜猪肉:表面有一层微干或微湿的外膜,呈暗灰色,有光泽,切断面稍湿、不粘手,肉汁透明。

(2)次鲜猪肉:表面有一层风干或潮湿的外膜,呈暗灰色,无光泽,切断面的色泽比新鲜的肉暗,有黏性,肉汁混浊。

(3)变质猪肉:表面外膜极度干燥或黏手,呈灰色或淡绿色、发黏并有霉变现象,切断面也呈暗灰或淡绿色、很黏,肉汁严重混浊。

2.气味鉴别

(1)新鲜猪肉:具有鲜猪肉正常的气味。

(2)次鲜猪肉:在肉的表层能嗅到轻微的氨味、酸味或酸霉味,但在肉的深层却没有这些气味。

(3)变质猪肉:腐败变质的猪肉,不论在肉的表层还是深层均有腐臭气味。

3.弹性鉴别

(1)新鲜猪肉:新鲜猪肉质地紧密而富有弹性,用三指按压后凹陷会立即复原。

(2)次鲜猪肉:肉质比新鲜肉柔软、弹性小,用手指按压后凹陷不能完全复原。

(3)变质猪肉:腐败变质的猪肉,由于自身被分解严重,组织失去原有的弹性而出现不同程度的腐烂,用手指按压后凹陷,不但不能复原,有时手指还可以把肉刺穿。

4.脂肪鉴别

(1)新鲜猪肉:脂肪呈白色,具有光泽,有时呈肌肉红色,柔软而富有弹性。

(2)次鲜猪肉:脂肪呈灰色,无光泽,容易黏手,有时略带油脂酸败味和哈喇味。

(3)变质猪肉:脂肪表面污秽、有黏液,霉变呈淡绿色,脂肪组织很软,具有油脂酸败气味。

2."瘦肉精猪肉"的鉴别

养猪者为了提高猪的瘦肉率,将"瘦肉精"添加入饲料,食用过量"瘦肉精"的猪被屠宰后流入市场,这种猪肉就被称为"瘦肉精猪肉"。

人过量食用这种猪肉尤其是猪内脏后,会出现心跳加速、四肢颤抖、腹痛、头晕,同时伴有呼吸困难、恶心呕吐等症状。所以,一定要小心买到这种猪肉,危害家庭食品安全。鉴别方法有:

(1)看脂肪层:看该猪肉是否有脂肪层(猪油),如该猪肉在皮下就是瘦肉或仅有少量脂肪,则该猪肉有存在含有"瘦肉精"的可能。

(2)看瘦肉:含有"瘦肉精"的瘦肉外观鲜红,纤维比较疏松,时有少量"汗水"渗出,而一般健康的猪瘦肉是淡红色;肉质弹性好,肉上没有"出汗"现象。

3."注水猪肉"的鉴别

生猪屠宰前,在猪体内注入大量水。这种猪的肉被称为"注水猪肉"。

水进入动物的肌体后,会引起体细胞膨胀性的破裂,导致蛋白质流失,肉质中的生化内环境及酶生化系统遭受到不同程度的破坏,使肉成熟过程延缓,降低肉的品质。注水后,易造成病原微生物的污染,加上操作过程中缺乏消毒手段,因此,更易造成病菌、病毒的污染。所以"注水肉"不仅影响原有的口味和营养价值,同时也加速了肉品变质腐败的速度,危害人们的健康,要注意鉴别:

(1)观察:注水肉色白,弹性差,用手指按压后迟迟不能复平;正常猪肉色红,弹性好。翻看肌肉及其他部分有无黏软、多汁现象;切割肉时有无水淌出,肌肉是否变色,内腔或主动脉血管有无扎破痕迹。

(2)触摸:注水肉用手指按一下,指上无黏性,只有潮湿;正常肉无湿感。用手触是否油滑,是否黏手,有无弹性,肉原有的僵硬等特征是否被破坏;用刀剖开,摸上去是否感觉有明显的水分或冰渣(冻肉)。

(3)**纸吸水**:把干净纸巾紧密地贴在肉的新断面上,一分钟左右,揭下纸片观察纸的吸水速度、黏着力和拉力等变化。若纸接触肉面后立即浸透或没有贴在肉上的部也浸透;纸条稍拉即断,用火点燃没有明火甚至不能点燃,说明纸上吸附水分,属于注水肉。若纸巾浸润区很小,在2平方厘米以下,纸条有黏着力,轻拉不断,用火点燃出现明火,则非注水肉。

(4)**嗅气味**:正常肉有原有生肉气味;注水肉会散发出异味。

4. 豆猪肉(米猪肉)的鉴别和选购

患绦虫病的猪的肉即"豆猪肉",又称"米猪肉"。食用豆猪肉可能引发人类两种疾病,一是绦虫病,即误食豆猪肉后,在小肠寄生2~4米长的绦虫;另一种是囊虫病,即误食了绦虫的虫卵后,虫卵孵化出幼虫,这些幼虫钻入肠壁组织,经血液循环带到全身,在肌肉里长出像豆猪肉一样的囊包虫。囊包虫可以寄生在人的心脏、大脑、眼睛等重要器官,如长右眼部,可影响视力或失明,如长在大脑,可引发癫痫。鉴别方法为:

用刀子在猪的肌肉上切,一般厚度3厘米,长度20厘米,每隔1厘米切一刀,切四五刀后,在切面上仔细看,如发现肌肉上附有石榴籽一般大小的水泡,即是囊包虫。

豆猪肉中的囊包虫可被高温杀死,所以食用猪肉时,一定要做熟,绝不能食用不完全熟的猪肉。另外要注意个人卫生,饭前便后要洗手,处理生、熟肉的菜板、菜刀一定要分开,不能混用,防止交叉污染。

5."瘟猪肉"的鉴别

猪瘟病的猪的肉被称为"瘟猪肉"。猪瘟病是一种多发性传染病,病源是猪瘟病毒,这种病毒繁殖快、存活力强,所以食用"瘟猪肉"对人体危害很大。辨别方法有:

(1)**看皮肤**:病猪周身包栈头和四肢的皮肤上都有大小不一的鲜红色

出血点,肉和脂肪也有小出血点;

(2)看脂肪和腱膜:如皮已去掉,可仔细观察脂肪和腱膜,也会发现出血点。

(3)淋巴结:全身淋巴结,俗称“肉枣”都呈紫色。

(4)看内脏:内脏上更为明显,肾脏色淡,有出血点。

(5)看骨髓:如果骨髓呈黑色,则是瘟猪肉。

6.“硼砂猪肉”的鉴别

一些小贩为了使猪肉短期内不腐败,把硼砂涂抹在肉的表面上,这种猪肉被称为“硼砂猪肉”。

而硼砂中含有一种原浆毒,人食后会破坏消化系统功能,出现恶心、呕吐等症状。硼砂在排泄过程中还会损害泌尿系统功能,严重的可致循环衰竭、休克或死亡。所以,一定要注意鉴别:

(1)看色泽:猪肉的表面撒了硼砂后,会失去原有的光泽,比粉红色的瘦肉颜色要深,而且暗淡无光。如果硼砂是刚撒到猪肉上去的,你会看到肉的表面,上有白色的粉末状物质。

(2)用手摸:如有滑腻感,说明猪肉上撒了硼砂。如果硼砂撒得多,用手摸还会有硼砂微粒粘在手上,并有微弱碱味。

7.羊肉的质量鉴别

羊肉有新鲜、不鲜和变质之分,也有羊龄大小之别。当购买时,人们都希望买到鲜嫩的羊肉。那么怎样挑选呢?主要是从羊肉的色泽、弹性、黏度和气味上鉴别。

新鲜羊肉:肉色红而均匀,有光泽,肉质坚而细,有弹性,外表微干,不粘手,气味新鲜,无其他异味。

不鲜羊肉:肉色较暗,外表干燥或黏手,肉质松弛,无弹性,略有氨味或酸味。

变质羊肉:肉色暗,无光泽,外表有黏液,手触时粘手,脂肪黄绿色,有臭味。

老羊肉:肉色深红,肉质较粗。

小羊肉:肉色浅红,肉质坚而细,富有弹性。

8.“注水牛肉”的鉴别方法

识别“注水牛肉”的方法如下:

(1)观察:注水后的肌肉湿润,表面有水淋淋的亮光,大血管和小血管周围出现半透明状的红色胶样浸湿,肌肉间结缔组织呈半透明红色胶冻状,横切面可见到淡红色的肌肉。如果是冻结后的牛肉,切面能见到大小不等的结晶冰粒,这证明是 注入的水被冻结,严重时这种冰粒会使肌肉纤维断裂,肌肉中的浆液(营养物质)外流。

(2)手触:正常的牛肉,富有一定的弹性;注水后的牛肉失去了弹性,用手指按下凹陷,很难恢复原状,手触也没有黏性。

(3)刀切:注水后的牛肉刀切开时,肌纤维间的水会顺刀口流出。如果是冻肉,刀切时可听到“沙沙”声,甚至有冰疙瘩落下。

(4)化冻:注水冻结后的牛肉,在化冻时,盆中流出的水是暗红色,原因是肌纤维冻结冰涨裂,致使大量浆液外流。

9.活禽的鉴别

(1)柴鸡:又分为放养鸡和圈养鸡两种,前者的饲养环境有较大的活动空间,后者则在饲料上有特定的谷物辅食。柴鸡肉质结实有韧性,体型较小,体重在 750～1250 克之间,鸡脚瘦长,嘴尖爪利,适合炖汤和长时间的烧煮。

(2)半柴鸡:肉质有弹性,不像肉鸡那么松软,但又不像柴鸡那么硬,口感介于柴鸡和肉鸡之间,体重在 1500～2000 克之间,适合红烧、焖炒。半柴鸡与柴鸡的区别可从腿骨分辨,前者腿骨粗而长,而且乌黑,后者则瘦长。

(3)肉鸡:价格便宜,肉质很松嫩,外观白皙肥硕,鸡腿短而肥,体重在1750～2250克之间,适用于油炸、烘烤、炒鸡丁、鸡块等烹调方式。

(4)"注水禽肉"的鉴别

一拍:注水禽肉富有弹性,用手一拍,便会听到"砰砰"的声音。

二看:仔细观察,如果发现皮上有红色针点,周围呈乌黑色,表明注过水。

三掐:用手指在鸡鸭的皮层下一掐,明显感到打滑的,一定是注了水的。

四摸:注过水的鸡鸭用手一摸,会感觉到高低不平,好像长有肿块;未注水的鸡鸭,摸起来很平滑。

10.熟肉制品的质量鉴别总则

熟肉制品是以畜禽肉为原料,经选料、修割、腌制、调味和填充(或成型)后再经酱卤、熏、烧、烤或蒸煮等工艺熟化(或不熟化),经包装而成的方便食品,除中式香肠外都可直接食用。目前市场上的熟肉制品品种繁多、花色满目,根据加工工艺和产品口味,行业将其分为腌腊制品、酱卤制品、熏烧烤制品、火腿制品、香肠制品、肉干制品、油炸制品、罐头制品和其他制品九大类。

(1)看环境

一般来说,熟肉制品要储存在5℃以下,温度高,产品就容易变质。正规销售点的产品周转快,冷藏的硬件设施好,产品质量相对有保证。

(2)看包装

熟肉制品是直接入口的食品,绝对不能受到污染,因此包装产品要密封,无破损。

(3)看标签

规范的企业生产的产品包装上应标明品名、厂名、厂址、生产日期、保质期、执行的产品标准、配料表、净含量等。通过认证的企业管理规范,生产条件和设备好,生产的产品质量较稳定,安全有保证。

(4)看外观

各种口味的产品有它应有的色泽,不要挑选色泽太艳的产品,这些漂亮的颜色很可能是人为加入的人工合成色素或发色剂(如亚硝酸盐)。即使是在保质期内的产品,也应注意是否发生了霉变。

11.腊肉的鉴别方法

(1)色泽鉴别

质量好的腊肉色泽鲜明,肌肉呈鲜红纯色或暗红色,脂肪透明或呈乳白色;肉身干爽、结实,富有弹性,指压后无明显凹痕。变质的腊肉色泽灰暗无光,脂肪明显呈黄色,表面有零点、霉斑,揩抹后仍有霉迹,肉身松软、无弹性,且表皮带黏液。

(2)气味鉴别

新鲜的腊肉具有固有的香味,而劣质品有明显酸腐味或其他异味。

变质的腊肉肉体色泽灰暗无光，肉质松软、无弹性,且带黏液;表面霉点、霉斑,揩抹后仍有霉迹;内部脂肪明显呈黄色,有明显酸腐味或其他异味。

12.火腿质量的鉴别方法

火腿是用带骨、带皮、带爪的整只猪后腿为原料,经分割、腌制、浸腿、洗腿、晒腿、长期发酵、整形等工艺制作而成的中国传统肉制品。传统的加工期 9 个月以上,具有皮色黄亮,肉面光滑油润、肌肉切面呈深玫瑰红色,脂肪切面白色或微红色,有光泽,外观腿心饱满,皮薄脚小,外形呈琵琶形,滋味咸淡适中,口感鲜美,回味悠长。中国过去有“四大火腿”享誉全球,是湖北恩施火腿、浙江金华火腿、云南宣威火腿、江苏如皋火腿。

在购买整只火腿时,首先,看看火腿有无霉斑、虫蛀;其次,不要忘记闻闻火腿的香味是否纯正。

优质火腿的精肉呈玫瑰红色,脂肪呈白色、淡黄色或淡红色,有光泽,质地较坚实。

劣质火腿肌肉切面呈酱色，上有各色斑点，脂肪切面呈黄色或黄褐色，无光泽，组织状态疏松稀软，甚至呈黏糊状。

鉴别火腿的好坏主要凭感官检查，用插签的办法来评定火腿的级别。具体操作是，用专用竹签插入三个规定部位的肌肉内，拔出后迅速闻其气味，第一签(上签)膝关节，股骨与胫骨缝之间。第二签(中签)在髋关节，股骨与胫骨之间偏腿骨侧处，第三签(下签)在荐椎骨与髋骨之间，近髋骨凹处。三签都香的最好，上、中二签香，下签无异味次之，上签香，中、下二签无异味最差。

13. 松花蛋的鉴别

松花蛋一般以鲜鸭蛋为原料，在蛋壳外涂上泥料，经过一段时间腌制而成。松花蛋中氨基酸的含量比新鲜鸭蛋高 11 倍，而且氨基酸的种类也比新鲜鸭蛋多。但要是买了劣质松花蛋，不但营养成分已被破坏，而且食用品质极差，甚至无法食用。

加工松花蛋时，是将纯碱、石灰、盐、黄丹粉按一定比例混合，再加上泥和糠裹在鸭蛋外面，两个星期后，美味可口的松花蛋就制成了。黄丹粉就是氧化铅，具有使蛋产生美丽花纹的作用。但用了黄丹粉，松花蛋就会受到铅的污染，经常食用会引起铅中毒，导致失明、贫血、好动、智力减退、缺钙。所以尽量选择无铅或低铅的松花蛋。

另外，松花蛋不宜存放在冰箱内。松花蛋用碱性物质浸泡，含大量水分，在冰箱内储存会逐渐结冰，改变松花蛋原有的风味。

鉴别方法如下：

(1)**掂**：将松花蛋放在手掌中轻轻地掂一掂，品质好的松花蛋颤动大，无颤动则不好。

(2)**摇**：用手取松花蛋，放在耳朵旁边摇动，品品质好的松花蛋无响声，质量差的则有声音，而且声音越大质量越差，甚至是坏(变质)蛋、臭(腐败)蛋。

(3)**看**：剥除松花蛋外附的泥料，看其外壳，以蛋壳完整，呈灰白色、无黑斑者为上品；如果是裂纹蛋，在加工过程中往往有可能渗入过多的碱，从而影响蛋白的风味，同时细菌也可能从裂缝处侵入，使松花蛋变质。

(4)**切**：松花蛋若腌制合格，则蛋清明显弹性较大，呈茶褐色，有松枝花纹，蛋黄外围呈黑绿色或蓝黑色，中心则呈桔红色。这样的松花蛋切开后，蛋的断面色泽多样化，具有色、香、味、形俱佳的特点。

需要注意的是，现在经常有打着“无铅松花蛋”幌子做宣传的厂商，这其实并不是说不含铅，而是指含铅量低于国家规定标准。根据国家标准规定，每 1000 克松花蛋铅含量不得超过 3 毫克，符合这一标准的松花蛋就叫“无铅松花蛋”。

第五章　蔬菜、水果类的鉴别和选购方法

1.蔬菜、水果质量的鉴别总则

(1)看外观:选购蔬菜时,要注意其外观品质要具有可采食时应有的特征,成熟适度,新鲜脆嫩,外形、色泽良好,清洁,无影响食用的病虫害,无机械损伤。千万不要买颜色异常的蔬菜,新鲜蔬菜不是颜色越鲜艳越好,一些看上去“卖相”很好的蔬菜很有可能是化学物质的反应。如购买樱桃萝卜时要检查萝卜是否掉色;发现豆角的绿色比正常的颜色要鲜艳时请慎选;有的青菜绿得发黑,那是化肥过量的反应;不新鲜蔬菜有萎蔫、干枯、损伤、病变、虫害侵蚀等异常形态。另外,有的蔬菜由于使用了激素类物质,会长成畸形。西红柿顶部长着桃子似的突起物,绿豆芽光溜溜的不长根须,都与施用激素有关。

选购水果时,要看水果的外形、颜色。尽管经过催熟的果实呈现出成熟的性状,但是作假只能对一方面有影响,果实的皮或其他方面还是会有不成熟的表现。比如,自然成熟的西瓜,由于光照充足,所以瓜皮花色深亮、条纹清晰、瓜蒂老结;而催熟的西瓜瓜皮颜色鲜嫩、条纹浅淡、瓜蒂发青。人们一般比较喜欢秀色可餐的水果,但实际上,相貌平平的水果倒是更让人放心。

(2)闻气味:千万不要买气味异常的果蔬。为了使果蔬更好看,有些菜果农会过量使用剧毒农药,也有些不法商贩用化学药剂进行浸泡,这些物质有异味,而且不容易被冲洗掉。所以要注意蔬果表面是否有药斑,或有不正常、刺鼻的化学药剂味道。

自然成熟的水果,大多在表皮上能闻到一种果香味;催熟的水果不仅没有果香味,甚至还有异味,而且催得过熟的果子往往能闻得出发酵气息,注水的水果能闻得出自来水的漂白粉味。同一品种大小相同的水果,催熟的、注水的水果同自然成熟的水果相比要重很多,很容易识别。

(3)常识判断:警惕不合时令的果蔬。一般说来,不合时令或提早上市的果蔬,所含残存农药的比例常较高,因为在不适合生长的环境下栽培的植物,须靠大量化学物质维持。如果水果在其成熟期之前半个月至一个月左右上市,颜色又很鲜艳,这样的水果就有可能使用了催熟剂,即使没用，味道也不好，营养价值也不高。

2. 警惕农药残留超标的蔬菜

农药在防治农作物虫害、去除杂草、控制人畜共患传染病、确保人体健康等方面起着重要的作用。但是，任何农药产品都不得超出农药登记批准的使用范围使用。农药残留超标的蔬菜和水果，严重危害人体健康。由于农药种类有几百种，且残存在蔬菜上的农药一般都是微剂量，所以检测程序非常复杂，设备也非常专业，即使专业的检测人员检测起来也有一定难度。为降低蔬菜水果中的农药残留量，建议消费者采用如下措施：

一要注意蔬菜上市的时间：尽量选购时令盛产的蔬果。在自然灾害或节假日前后，应避免抢购蔬果，以防止买进那些为抢收而增加农药喷洒剂量或频次的蔬果。

二要多样性地采购：不要偏食某些特定的蔬果，要选购有品牌，且农药残留检验合格的蔬果，因其管理和申诉渠道较为健全，且部分蔬果还会标明产地来源，消费者购买有保障。要选购含农药概率较小的蔬果，如具有特殊气味的洋葱、大蒜、九层塔，对病虫害抵抗力较强的龙须菜；需去皮才可食用的马铃薯、甘薯、冬瓜、萝卜；套袋的蔬果等。要选购信誉良好的蔬果加工品（如罐装及腌渍蔬果等）或冷冻蔬菜，因为上述的蔬果于加工过程中已除去大部分农药。

三要注意蔬菜的外观是否正常：外形过于美观的蔬果慎买，可能经过“特殊照顾”，最好是不要买，蔬果表面有药斑，或有刺鼻的化学药剂味时，表示可能有残留农药，应避免选购。

四要清洗干净：以蔬果专用清洗配方清洗蔬果。外表不平或多细毛的蔬果（如芭乐、奇异果等），较易沾染农药，因此食用前最好去皮，若不去皮，务必以蔬果清洗配方及清水多冲洗后再食用。需要去皮的蔬果，务必先以蔬果清洗配方及清水冲洗，否则刀上所沾染的农药会对蔬果内部造成二次污染。能连续长期采收的蔬菜，如菜豆、豌豆、韭菜花、小小黄瓜、芥蓝等，需要长期且连续地喷喷洒农药。食用时要多次清洗，以降低其农药残留量。有机磷和氨基甲酸酯类农药，遇到淘米水等碱性物质时，会发生中和作用而使农药的毒性降低。用淘米水清洗果蔬时,一般需浸泡十几分钟,然后用清水漂洗干净。

3. 化学豆芽的鉴别

发豆芽时大量使用化肥,将导致豆芽内硝酸盐含量大幅度升高,食用后硝酸盐进入人体内,经细菌分解后,变成亚硝酸盐,可能致癌。用激素类药催生的豆芽同样对人体有很大危害,如除草剂含有致癌、致畸、致突变的物质,如"杀草强"可引起甲状腺癌,"除草醚"、"西玛津"、"科谷隆"有致突变、致畸作用。长期食用这样的豆芽,后果不堪设想。

一要观外形。化肥催生的豆芽:一般根须不发达或无根芽无根须,较较正常豆芽长;芽体脆,掰开后会有水冒出;施用化肥多的,还会有子叶发绿发青、口感苦涩的现象。

二要看存期:在夏天保存几天都不打蔫的是加了保鲜粉的豆芽。

三要闻气味:消费者可以拿一小把豆芽放在碗里,用开水烫一下,如果有臭鸡蛋味,就可以肯定豆芽里面含有大量的硫制剂。

豆芽质嫩鲜美,营养丰富,但吃时一定要炒熟,否则大量食用后会出现恶心、呕吐、腹泻、头晕等不适反应。绿豆芽鲜嫩味美,富含维生素等营养成分。但是发豆芽时不要使豆芽发得过长,豆芽过长会使营养素受损。

4. 鉴别"毒韭菜"

"毒韭菜"就是为了防止虫咬韭菜根,采用"3911"灌根(使药液渗透到韭菜根部的漫灌方法)使得韭菜长得好看,看上去肥厚、叶宽、个长、色深。"3911"甲拌磷乳油,属国家明令禁止用在蔬菜上的剧毒农药。其残留可导致食用者头痛、头昏、无力、恶心、多汗、呕吐、腹泻,重症可出现呼吸困难、昏迷、血液胆碱酯酶活性下降等。另外,"3911"在人体内不容易被分解,如果长期食用这种有毒韭菜,那么身体内的毒素会越来越多,从而造成更多严重危害。

一般用毒药浇灌出来的韭菜是很难用肉眼分辨出来的，但只要是看上去叶子肥厚宽大的韭菜，肯定是用膨胀或催肥等药水浇灌的。所以市民在买韭菜时，见到那些看上去不自然、肥大的韭菜不要轻易买回家，另外买回去的韭菜最好用水仔细清洗，或用洗洁净、消毒液、碱水等浸泡，反复3～5遍，每次5～15分钟，最好不要食用生韭菜。

5. 各种蘑菇的鉴别方法

食用菌是可供食用的大型真菌，通常分为“菇”、“菌”、“蕈”、“蘑”、“耳”等，品种繁多，风味独特，营养丰富，银耳、木耳、猴头菇等还兼有多种特定的滋补作用。

香菇是驰名世界的名贵食用真菌，也是我国传统的出口商品。香菇品质总体要求是：体圆、齐正，菌伞肥厚，盖面平滑，质地干、不易碎；有香气，无焦片，霉变和杂物碎屑；菌伞色泽黄褐，菌伞下面的褶皱紧密细白，菌柄要短而粗壮；手捏菌柄有坚硬感，放开后菌伞随即蓬松如故。

平菇平顶，呈浅褐色。优质平菇片大，菌伞较厚，伞面边缘完整，破裂口较少，菌褶均匀呈白色或浅黄色，菌柄较短。片张大如茶杯的，称为大片菇，为上品。

花菇菌伞顶面有像菊花一样的白色裂纹，色泽黄褐而光润。朵小（菌伞直径1.5～3厘米者为标准）柄短，菌伞厚实，边缘下卷，菌褶细密均匀，香气浓郁。

厚菇菌伞顶面无花纹，呈栗色，略有光泽。肉厚质嫩，朵稍大（菌伞直径小于1厘米者为次品米者为次品），边缘破裂较多。

6. “黑心腐竹”的鉴别方法

为了色泽漂亮、延长保鲜期、增加产量等，食品加工的不法分子把吊白块、硼砂、碱性嫩黄、明胶等化学材料用于腐竹的生产加工。这些工业原料毒性很高，食用后会对人体造成极大危害，世界各国都禁止用作食品添加物。

(1)**色泽鉴别**(整体观察):良质腐竹为枝条或片叶状,呈淡黄色,有光泽;次质腐竹枝条或片叶状,有断枝或碎块,色暗而无光泽;劣质腐竹呈灰黄色、深黄色或黄褐色,色彩暗而无光泽。

(2)**外观鉴别**(折断检视):良质腐竹质脆易断,条状折断有空心,里外无霉斑、杂质、虫蛀;次质腐竹质脆易折,折断有较多实心条,里外无霉斑、杂质、虫蛀。劣质腐竹手折感觉太脆或太软,里或外有霉斑、虫蛀、杂质。

(3)**气味鉴别**(整体嗅闻):良质腐竹具有腐竹特有的香气,无异味。次质腐竹固有的香气平淡;劣质腐竹有霉味、酸臭味等异味。

(4)**滋味鉴别**(水泡口尝):良质腐竹具有腐竹固有的鲜香滋味,次质腐竹固有的滋味稍淡,劣质腐竹有苦味、涩味及酸味。

有毒豆制品还有用猪粪泡制的臭豆腐。消费者在购买臭豆腐时要注意,尽量不要购买散臭豆腐。夜市大排档或路边摊上的油炸臭豆腐慎食。

7.有毒霉变甘蔗的鉴别

未成熟甘蔗收割后储存不当,容易发生霉变。受到节菱孢霉的污染,在温湿的环境下,这种霉大量生长繁殖,产生毒素3-硝基丙酸。这是一种神经毒,主要损害中枢神经系统。进食这种霉变甘蔗2～8小时后会出现以中枢神经系统损伤为主的中毒症状死亡,病死率及后遗症出现概率达50%。

优质甘蔗外皮有光泽,质地较硬,瓤部肉质清白、滋味甘甜;霉变甘蔗外皮失去光泽,质地较软,瓤部比正常甘蔗色深,呈浅棕色,闻之有轻度霉味、有酒糟味或酸霉味。

食用霉变甘蔗会引发食物中毒。中毒症状:最初为一时性消化道功能紊乱,恶心、呕吐、腹疼、腹泻、黑便,随后出现神经系统症状,如头昏、头疼、眼黑和复视。重者可出现阵发性抽搐,抽搐时四肢强直,手呈鸡爪状,眼球向上偏向凝视,瞳孔散大,继而进入昏迷。患者可死于呼吸衰竭,幸存者则留下严重的神经系统后遗症,导致终生残废。

目前尚无特殊治疗方法,在发生中毒后应尽快洗胃、灌肠以排除毒物，并对症治疗。所以要特别小心这种甘蔗到家庭中来。

8. 催熟水果的鉴别方法

催熟水果就是被化学药物催熟的水果，如用激素催熟的草莓；被硫黄熏熟的香蕉；用膨大剂催大的西瓜；用乙烯利浸泡的葡萄：被催熟剂、香精、明矾和敌敌畏共同炮制过的荔枝……

食用激素催熟的水果，可能导致儿童性早熟；食用硫黄熏蒸的水果，水果中残留二氧化硫会诱发哮喘等病症；膨大剂超量使用和长期摄入乙烯利会损害健康。所以要小心购买，避免这些潜在的不安全。鉴别方法有：

一要掌握水果的一般自然成熟期。一般樱桃成熟期在 5 月中旬到 6 月中旬。露地草莓在 5 月中下旬开始采摘。杏成熟期在 5 月下旬至 7 月中旬。李子早熟品种 6 月上旬开始上市。桃成熟期从 6 月中旬到 10 月初。大多数枣品种的成熟期在 9 月中下旬到 10 月上旬。部分苹果品种到 10 月份才能上市。梨的早熟品种 8 月上旬成熟。柿子一般在霜降节气，即 10 月下旬才上市。若是不在这些时间之内上市的，则有催熟的嫌疑，一般就不要买了。

二可以看形色、尝味道。尽管催熟的果实呈现成熟性状，但果实的皮或其他部分还会有不成熟的表现，比如：

西瓜：自然成熟的西瓜，由于光照充足，所以瓜皮花色深亮、条纹清晰、瓜蒂老结，味道甘甜；催熟的西瓜瓜皮上的条纹不均匀，切开后瓜瓤特别鲜艳，可瓜子却是白色的，口感有异味。

芒果：自然成熟的芒果，由于生长过程中有向阳面和背阴面，芒果颜色不均匀，口尝味正；而催熟的芒果只有小头顶尖处果皮翠绿，其他部位均发黄。自然熟芒果较硬、有弹性，催熟的芒果整体较软，口尝有异味。

草莓：那些中间有空心、硕大且形状不规则的草莓，一般为激素过量所致。用了激素类药的草莓，颜色鲜艳，但果味很淡。

香蕉：用氨水或二氧化硫催熟的香蕉表皮嫩黄，但果肉口感很硬，丝毫不甜。

猕猴桃:优质猕猴桃果形规则,多为长椭圆形,呈上大下小状,果脐小而圆,向内收缩,果皮呈黄褐色且着色均匀,果毛细而不易脱落,切开后果芯翠绿,酸甜可口;而使用了“膨大剂”的猕猴桃果实不甚规则,果脐长而肥厚,向外突出,果皮发绿,果毛粗硬且易脱落,切开后果芯粗,果肉发黄,滋味很淡。

三要闻气味。自然成熟的水果,有果香味;催熟的水果有异味。催得过熟的水果有发酵气息。

四可以称分量。催熟的水果分量重。同一品种大小相同的水果,催熟的、注水的水果与自然成熟的水果相比要重很多。例如,正常猕猴桃一般单果重量只有80～120克,而使用膨大剂后的猕猴,单果重量可达到150克以上,有的甚至可以达到250克。

催熟西红柿多为反季节上市,大小通体全红,手感很硬,外观呈多面体,掰开一看呈绿色或未长子,瓤内无汁:而自然成熟的西红柿蒂周围有些绿色,捏起来很软,外观圆滑,而子粒是土黄色,肉质红色、沙瓤、多汁。

五查上市日期。如果水果在其成熟期之前半个月至一个月左右上市,颜色又招人喜爱,这样的水果就有可能使用了催熟剂,即使没用,味道也不会好,营养价值也不高。

第六章　食用油脂的鉴别和选购方法

1.食用油脂安全选购总则

一些地区的植物油市场上,以次充好、以假充真的情况较为严重,如将毛油当一级或二级油进行销售,将低价位的植物油掺入高价位植物油中进行销售,如在香油中掺入低价油进行销售,以牟取暴利。消费者在购买食用植物油时可从以下几个方面进行鉴别:

(1)**看色泽:**一般高品位油色浅,低品位色深(香油除外),油的色泽深浅也因其品种不同而使同品位油色略有差异。

(2)**看透明度:**一般高品位油透明度好,无浑浊。

(3)**看有无沉淀物:**高品位油无沉淀和悬浮物,黏度小。

(4)**看有无分层现象:**若有分层则很可能是掺假的混杂抽(芝麻油掺假较多)。

(5)**闻:**各品种油有其正常的独特气味,而无酸臭异味。

(6)**查:**对小包装油要认真查看其商标,特别要注意保质期和出厂期,无厂名、无厂址、无质量标准代号的,要特别注意,千万不要上当。

在购买食用植物油时,除考虑品种、风味外,还应注意健康和安全,优先选择精炼程度较高的食用植物油。

超市销售的植物油大多是国家规定的高级烹调油或是色拉油。有些假冒伪劣产品、等级低的产品也号称“高级”,混上了超市货架,消费者购买时一定要注意。

优质花生油色泽淡黄至棕黄色,清清晰透明,具有花生油固有的香味。

优质的大豆油呈黄色至橙黄色,完全清晰透明,具有大豆油固有的气味。

优质葵花子油色泽金黄,清晰透明,有浓郁的葵花子的香味。

优质的菜籽油呈黄色或棕色,清晰透明,具有油菜籽固有的气味。

玉米油实际上是玉米胚芽油,呈嫩黄色,色泽鲜亮,清澈透明,具有玉米固有的香味。

精炼棕榈油呈黄色或柠檬黄色,在常温下是凝固的(凝固点是 27℃～

30℃)，夏季容器下部有可流动的白色沉淀物，而冬季为淡黄色凝块。

《国家食用油标准》核心内容：必须标明生产工艺是“压榨”还是“浸出”；按品质将所有食用油分为四个等级，四级为最低等级，禁止只标注“烹调油”、“色拉油”作为等级；原料中的大豆是转基因的必须说明。上述三项标准不在产品外包装上标出，产品将被禁售。

2.泔水油、地沟油的鉴别

地沟油是指宾馆、饭店附近的地沟里，污水上方的灰白色油腻漂浮物，捞取收集后经过简单加工，油呈黑褐色，不透明，有强烈的酸腐恶臭气味，凝固点高。地沟油与地下水泥壁(含有多种微量元素，如As、Pb、Cd、Cr、Hg、Zn、Co、Ni、Tl、Be、Sn、Cu、Sb、Mo等)、地下生活污水、废旧铁桶、果蔬腐败物、生活垃圾(粪便)、多种细菌毒素，寄生虫及虫卵等接触，所受污染严重，逐渐会发生水解、氧化、缩合、聚合、酸度增高、色泽变深等一系列变化，产生游离脂肪酸、脂肪酸的二聚体和多聚体、过氧化物、多环芳烃类物质、低分子分解产物等，有些物质如醛、酮等是导致地沟油特殊酸腐恶臭气味的重要原因。

餐饮业废油脂含有多种有毒有害成分，当人食用掺兑地沟油的食用油时，最初会出现头晕、恶心、呕吐、腹泻等中毒症状，长期食用轻者会使人体营养缺乏、重者内脏严重受损甚至致癌。地沟油可以从以下方面来鉴别：

(1)**看**：看透明度，看色泽。颜色发暗，比较混浊，且有沉淀物，低温易凝固的可能是地沟油。检测窍门：一是给冰棍上倒上一点油，油很快凝固并附着在冰棍上，则很可能是地沟油做成的。二是玻璃上倒上一点油，如果油流的很慢，则可能有问题。

(2)**闻**：每种油都有各自独特的气味。可以在手掌上滴一两滴油，双手合拢摩擦，发热时仔细闻其气味。有臭味的，呈淡淡哈喇味的很可能就是地沟油。

(3)**尝**：用筷子取一滴油，仔细品尝其味道。有异味的油可能是地沟油，含地沟油的油炒菜不香，残油渣呈黑炭状。

(4)**听**:取油层底部的油一两滴,涂在易燃的纸片上,点燃并听其响声。燃烧不正常且发出"吱吱"声音的,水分超标,是不合格产品;燃烧时发出"噼叭"爆炸声,表明油的含水量严重超标,而且有可能掺假产品,绝对不能购买。

(5)**问**:问商家的进货渠道,必要时索要进货发票或查看当地食品卫生监督部门的抽样检查报告。

"泔水油"是指从饭店吃剩下的剩饭、剩菜中提炼出来的,或者是炸食品剩下的"老油",一般不会混有地沟中的柴油、机油或其他的污物。尽管"泔水油"的成分复杂,但都是可以食用的植物油和动物油,即使被食用,食用者也不会立刻出问题。所以,有些大型快餐企业,炸食品使用过的"老油",不经过净化,就会直接流入食用市场。不法商贩用来重新销售,或烹炒菜肴、炸制油条等。泔水油含有黄曲霉毒素、苯并芘、砷和铅,对人体有极大危害。此外,重复加工的泔水油中还含有大量的甲苯丙醛和磷(来源于餐具洗涤剂),会破坏白细胞、消化道黏膜,引起食物中毒,甚至致癌。其鉴别方法和地沟油的差不多,主要是看、闻、尝、听、问。

3. 纯正小磨香油鉴别方法

香油是农产品芝麻的深加工产品,由于生产加工工艺不同,香油又分为小磨香油和机榨香油。机榨香油俗称"大糟油",采用机榨工艺,效率高,成本低,但是产品颜色浅、香味淡、口感差,一般不宜做凉拌调味食品。小磨香油工艺是中国几千年的传统石磨工艺,水代法取油,工艺过程中没有添加和使用任何添加剂、防腐剂及化学制剂,属纯天然物理工艺,颜色较深,并保持了芝麻香油纯天然的原汁、原味、原香。小磨香油现在已成为人们生活必备的高级调味品,而且它还是一种实实在在的营养保健品。

按照国家相关规定,标注为"纯芝麻油"的产品,其芝麻油含量必须在90%以上。

国内许多家庭式生产企业在芝麻焙炒过程中缺乏规范的、准确的生产过程控制,全凭经验,甚至有的生产者为了增加芝麻油的香味,故意加大焙炒时间,使其制造的芝麻油有更浓的香气和色泽,但这种香气是芝麻炒煳的焦香而不是芝麻油香，消费者一定要走出芝麻油越香越好的误区。

(1)**辨色法**:纯正小磨芝麻油呈红葡色或橙红色，机榨产品比小磨香油颜色淡，掺入菜籽油呈深黄色，掺入棉籽油则颜色深红。

(2)**嗅闻法**:纯正芝麻油的特点是具备浓郁而纯正的芝麻香味，选购者隔着瓶子就能闻到。如果为机榨产品则香味较淡，甚至香味不正。如果掺进了花生油、豆油、菜籽油等则不但香味差，而且会有花生、豆腥等其他气味。

(3)**摇荡法**:取一瓶芝麻油用力摇动1分钟左右，停止、放正，纯正芝麻油的表面会有一层泡沫状气泡，但很快就会消失；假芝麻油的表面会有黄色泡沫，久久不能消失。

4. 掺假芝麻油的鉴别

有些不法商贩在优质芝麻油和花生油中掺入劣质油，甚至非食用油，如桐油、蓖麻油、矿物油等，不仅损害消费者的利益，也危害消费者的健康，需要我们格外小心。

(1)**看颜色**:优质芝麻油呈淡红生或红中带黄。掺假芝麻油的颜色却光怪陆离，如掺菜籽油呈深黄色，掺棉籽油呈黑红色。

(2)**看净度**:优质芝麻油在阳光下看清晰、透明、纯净。掺假芝麻油在阳光下模糊不清，油质混浊，能还有沉淀物。

(3)**摇晃法**。取50克芝麻油，放入白色干净细玻璃瓶内，经剧烈摇晃后，瓶内无泡沫或虽有少量泡沫，但停止摇晃后很快消失的为优质芝麻油。若出现白色泡沫且消失较慢则可能掺入花生油，出现淡黄色泡沫且不易消失则可能掺入豆油。

(4)**看油花**:用油提子盛满油，从高处向油缸中倾倒，砸起的油花呈金黄色且消失很快的为优质芝麻油。若砸起的油花呈淡黄色，说明掺入菜籽油，呈黑色则掺入棉籽油；呈白色则掺入花生油。另外，所有的掺假芝麻油砸起的油花消失得都较慢。

(5)**闻气味**:优质芝麻油有明显的炒芝麻味或者轻微的煳芝麻味，醇香怡人；而香精勾兑的假芝麻油闻起来有明显的较为刺鼻的化学性气味，没有炒芝麻的香味。

(5)水试法:在一碗清水中滴入一滴芝麻油,优质芝麻油初成薄薄透明的油花,很快扩散,凝成若干小油珠。掺假芝麻油出现的油花较厚较小,而且不易扩散。

(6)冷冻法:优质芝麻油放入冰箱在－10℃冷冻时,仍为液态。掺假芝麻油则开始凝结。

(7)加热法:加热发白则兑有猪油,加热淤锅则兑有棉籽油,加热发青则兑有菜籽油。

5. 掺假花生油的鉴别

(1)看油花:把花生油从瓶中快速倒入杯内,观察泛起的油花,纯花生油的油花泡沫大,周围有很多小泡沫且不易散落;当掺有棉籽油时,油花泡沫带绿黄色或棕黑色,有棉籽油味。

(2)看颜色:色深并且伴有煳味的油,就是炸过食品的废油。颜色浅又无气味但价钱便宜的可能是掺了一种叫"白油"的工业油。

(3)闻气味:臭味的掺有泔水油;有腥味的掺了饲料鱼油。

(4)透明度:生油掺假后透明度下降。若掺有非脂性异物,放入透明杯中放置几天观察,油中会出现云状悬浮物。

(5)加碘酒:取少量花生油,在其中加入几滴碘酒,如果出现蓝紫或蓝黑色,则说明花生油中掺有米汤、面汤等淀粉物。

(6)凝结度:花生油的冷凝温度为8℃,凝结时间很长,且有一定流动性;棕榈油的冷凝温度在22℃左右。把一些花生油放入冰箱几分钟后取出,如果结物比较坚硬,无流动性,就说明里面掺有棕榈油。

6. 橄榄油鉴别方法

橄榄油的维生素含量是最高的,它所含ω－3脂肪酸是不可替代的,而且因为橄榄油提炼起来比较困难，其生产的劳动价值高，所以价格也就水涨船高了，另外橄榄油的确有很多好处，比如，防治心脑血管疾病、糖尿病，修复烧伤烫伤的创面等。尽管如此，也不能只食用橄榄油，因为每一种植物油都有自己的独特之处。其他的植物油含有丰富的不饱和脂肪酸，可以增强身体的免疫力，改善皮肤营养，加速胃溃疡的痊愈，降低血压和胆固醇，是大脑正常运转所必需的原料。

(1)**问价格**：由于我国不是橄榄油原产地，要依赖于进口，成本较高，好的橄榄油进口后的零售价格不可能很低。在国外，好的橄榄油价格也比较高。

(2)**查标签**：橄榄油的类别、产地、酸度，净含量，生产工艺、瓶子的种类和颜色等，这些因素与价格的高低和品质等密切相关.

(3)**看外观**：高品质的橄榄油浓稠透亮，呈黄绿色或金黄色，颜色越深越蝇。精炼油或勾兑感觉稀薄，由于色素及其他营养成分被破坏导致颜色浅淡；如果液体混浊，缺乏透透亮的光泽，说明放置时间长，开始氧化。

(4)**闻气味**：高品质的橄榄油有果香味，不同的树种有不同的果味，不同的橄榄果有，不同的香味，如甘草味、奶油味、水果味、巧克力味等。如果有陈腐味、霉潮味、泥腥味、酒酸味或酸败味等异味，说明变质，或者橄榄果原料有问题，或储存不当。

(5)**尝味道**：如果有样品油，可取微量品尝。高品质的橄榄油口感爽滑，有淡淡的苦味及辛辣味，喉咙的后部有明显的感觉，辣味感觉比较滞。如果有异味，或者干脆什么味道都没有，说明变质或者是精炼油或勾兑油。

7. 色拉油鉴别方法

色拉油是指各种植物原油经脱胶、脱色、脱臭(脱脂)等加工程序精制而成的高级食用植物油。主要用作凉拌或作酱、调味料的原料油。目前市场上出售的色拉油主要有大豆色拉油、油菜籽色拉油、米糠色拉油、棉籽色拉油、葵花子色拉油和花生色拉油。

加工方法有压榨法和浸出法两种。压榨法是靠机械压力将油脂直接从油料中分离出来。这种工艺不需加任何添加剂,在全封闭无污染的条件下生产,保证产品安全、卫生、无污染,保留了油料的原汁原味,而且营养丰富。浸出工艺,是采用六号轻汽油把原料充分浸泡之后,再经高温"六脱"精炼而成。这种工艺的优点是出油率高,成本低,这是目前色拉油大多采用浸出工艺的原因所在。

标签上至少应标明产品名称,等级、原料产地(属进口产品的也要标明原产和原料产地)、生产工艺(压榨法或浸出法)、生产保质期、QS认证、生产厂家名称等。另外,如果是转基因原料也应当在标签中明确标示。

外观色拉油必须颜色清淡、无沉淀物或悬浮物。

气味无臭味,保存中也没有酸败气味,要求油的气味正常、稳定性好。

耐低温要求其富有耐寒性,若将色拉油放在低温下,不会产生混浊物,甚至将加有色拉油的蛋黄酱和色拉调味剂放入冷藏设备中时也不会分离。

标识齐全的色拉油

8. 警惕有毒猪油

用碎猪肉、猪内脏、变质猪肉,甚至制革厂的下脚料为原料炼油,在炼制过程中加入工业双氧水和工业消泡剂,就是有毒猪油。工业双氧水就是过氧化氢,广泛应用于造纸业、纺织业,具有强烈的氧化漂白效果和防腐功能,可以掩盖食品的腐败变质。由于其含有铅、砷等杂质,食用会引起人体中毒。工业消泡剂含有重金属及砷、苯环、杂环等,在血液里长期积累会导致慢性中毒,严重的还会造成血液病及损害中枢神经。因而这种油被称为"毒猪油"。

不明来历的碎猪肉、猪内脏含有毒素或细菌残留;变质猪肉会产生微生物和毒素;猪肉蛋白中的氮、硫、氮硫化合物与双氧水在高温炼制过程中产生化学反应,衍生出大量有害物质。这些都会严重危害人体健康。

毒猪油多销售给餐饮业和食品加工厂，普通消费者很难在农贸市场见到，所以消费者外出就餐时一定要选择正规餐饮店，尽量避免在路边小摊就餐，同时要降低购买熟食的频率。

第七章　海鲜、水产品的鉴别和选购方法

1.鲜鱼质量鉴别方法

(1)眼球鉴别:新鲜鱼的眼球饱满突出,角膜透明清亮,有弹性。次鲜鱼眼球不突出,眼角膜起皱,稍变混浊,有时眼内溢血发红。腐败鱼眼球塌陷或干瘪,角膜皱缩或有破裂。

(2)鱼鳃鉴别:新鲜鱼鳃丝清晰呈鲜红色,黏液透明,具有海水鱼的咸腥味或淡水鱼的土腥味,无异臭味。次鲜鱼鳃色变暗呈灰红或灰紫色,粘液轻度腥臭,气味不佳。腐败鱼鳃呈褐色或灰白色,有污秽的黏液,带有腐臭气味。

(3)体表鉴别:新鲜鱼有透明的黏液,鳞片有光泽且与鱼体贴附紧密,不易脱落(鲳、大黄鱼、小黄鱼除外)。次鲜鱼黏液多不透明,鳞片光泽度差且较易脱落,黏液粘腻而混浊。腐败鱼体表暗淡无光,表面附有污秽黏液,鳞片与鱼皮脱离殆尽,具有腐臭味。

(4)肌肉鉴别:新鲜鱼肌肉坚实有弹性,指压后凹陷立即消失,无异味,肌肉切面有光泽。次鲜鱼肌肉稍呈松散,指压后凹陷消失得较慢,稍有腥臭味,肌肉切面有光泽。腐败鱼肌肉松散,易与鱼骨分离,指压时形成的凹陷不能恢复或手指可将鱼肉刺穿。

(5)腹部外观鉴别:新鲜鱼腹部正常、不膨胀,肛孔白色,凹陷。次鲜鱼腹部膨胀不明显,肛门稍突出。腐败鱼腹部膨胀、变软或破裂,表面发暗灰色或有淡绿色斑点,肛门突出或破裂。

2.冻鱼的质量鉴别

鲜鱼经－23℃低温冻结后,鱼体发硬,其质量优劣不如鲜鱼那么容易鉴别。冻鱼的鉴别应注意以下几个方面:

(1)体表:质量好的冻鱼,色泽光亮与鲜鱼般的鲜艳,体表清洁,肛门紧缩。质量差的冻鱼,体表暗无光泽,肛门凸出。

(2)鱼眼:质量好的冻鱼,眼球饱满凸出,角膜透明,洁净无污物。质量差的冻鱼,眼球平坦或稍陷,角膜混浊发白。

(3)**组织:**质量好的冻鱼,体型完整无缺,用刀切开检查,肉质结实,脊骨处无红线,胆囊完整不破裂。质量差的冻鱼,体型不完整,用刀切开后,肉质松散,胆囊破裂。

3. 咸鱼质量的鉴别

(1)**色泽鉴别:**良质咸鱼色泽新鲜,具有光泽。次质咸鱼色泽不鲜明或暗淡。劣质咸鱼体表发黄或变红。

(2)**体表鉴别:**良质咸鱼体表完整,无破肚及骨肉分离现象,体形平展,无残鳞、无污物。次质咸鱼鱼体基本完整,但可有少部分变成红色或轻度变质,有少量残鳞或污物。劣质咸鱼体表不完整,骨肉分离,残鳞及污物较多,有霉变现象。

(3)**肌肉鉴别:**良质咸鱼肉质致密结实,有弹性。次质咸鱼肉质稍软,弹性差。劣质咸鱼肉质疏松易散。

(4)**气味鉴别:**良质咸鱼具有咸鱼所特有的风味,咸度适中。次质咸鱼可有轻度腥臭味。劣质咸鱼具有明显的腐败臭味。

4. 干鱼质量的鉴别

(1)**色泽鉴别:**良质干鱼外表洁净有光泽,表面无盐霜,鱼体呈白色或淡。次质干鱼外表光泽度差,色泽稍暗。劣质干鱼体表暗淡色污,无光泽,发红或呈灰白,黄褐,浑黄色。

(2)**气味鉴别:**良质干鱼具有干鱼的正常风味。次质干鱼可有轻微的异味。劣质干鱼有酸味、脂肪酸败或腐败臭味。

(3)**组织状态鉴别:**良质干鱼鱼体完整、干度足,肉质韧性好,切割刀口处平滑无裂纹、破碎和残缺现象。次质干鱼鱼体外观基本完善,但肉质韧性较差。劣质干鱼肉质疏松,有裂纹、破碎或残缺,水分含量高。

5. 黄鱼质量的鉴别

黄鱼的质量优劣,一般从鱼的体表、鱼眼、鱼鳃、肌肉、黏液腔等方面鉴别。

(1)**体表**:新鲜质好的黄鱼,体表呈金黄色、有光泽,鳞片完整,不易脱落。新鲜质次的黄鱼,体表成淡黄色或白色,光泽较差,鳞片不完整,容易脱落。

(2)**鱼鳃**:新鲜质好的大黄鱼,鳃色鲜红或紫红,小黄鱼多为暗红或紫红。无异臭或鱼腥臭,鳃丝清晰。新鲜质次的黄鱼鳃色暗红、暗紫或棕黄、灰红色,有腥臭,但无腐败臭,鳃丝粘连。

(3)**鱼眼**:新鲜质好的黄鱼,眼球饱满凸处,角膜透明。新鲜质次的黄鱼,眼球平坦或稍陷,角膜稍混浊。

(4)**肌肉**:新鲜质好的黄鱼,肉质坚实,富有弹性。新鲜质次的黄鱼,肌肉松弛,弹性差,如果肚软或破肚,则是变质的黄鱼。

(5)**液腔**:新鲜质好的黄鱼,黏液腔呈鲜红色。新鲜质次的黄鱼,黏液腔呈淡红色。

6. 带鱼的质量鉴别

带鱼的质量优劣,可以从以下几个方面鉴别:

(1)**体表**:质量好的带鱼,体表富有光泽,全身鳞全,鳞不易脱落,翅全,无破肚和断头现象。质量差的带鱼,体表光泽较差,鳞容易脱落,全身仅有少数银鳞,鱼身变为香灰色,有破肚和断头现象。

(2)**鱼眼**:质量好的带鱼,眼球饱满,角膜透明。质量差的带鱼,眼球稍陷缩,角膜稍混浊。

(3)**肌肉**:质量好的带鱼,肌肉厚实,富有弹性。质量差的带鱼,肌肉松软,弹性差。

(4)**质量**:质量好的带鱼,每条重量在 0.5 千克以上。质量差的带鱼,每条重量约0.25千克。

7. 对虾的质量鉴别

对虾的质量优劣，是从色泽、体表、肌肉、气味等方面鉴别。

(1)**色泽**：质量好的对虾，色泽正常，卵黄按不同产期呈现出自然的光泽，质量差的对虾色泽发红，卵黄呈现出不同的暗灰色。

(2)**体表**：质量好的对虾，虾体清洁而完整，甲壳和尾肢无脱落现象，虾尾未变色或有极轻微的变色，质量差的对虾，虾体不完整，全身黑斑多，甲壳和尾肢脱落，虾尾变色面大。

(3)**肌肉**：好的对虾，肌肉组织坚实紧密，手触弹性好，质量差的对虾，肌肉组织很松弛，手触弹性差。

(4)**气味**：质量好的对虾，闻去气味正常，无异味感觉，质量差的对虾，闻去气味不正常，一般有异臭味感觉。

8. 青虾的质量鉴别

青虾又名河虾、沼虾。属于淡水虾，端午节前后为盛产期。青虾的特点是，头部有须，胸前有爪，两眼突出，尾呈叉形，体表青色，肉质脆嫩，滋味鲜美。青虾的质量优劣，可从虾的体表颜色，头体连接程度和肌肉状况鉴别。

(1)**体表颜色**：质量好的虾，色泽青灰，外壳清晰透明。质量差的虾，色泽灰白，外壳透明较差。

(2)**头体连接程度**：质量好的虾，头体连接紧密，不易脱落。质量差的虾，头体连接不紧，容易脱离。

(3)**肌肉**：质量好的虾，色泽青白，肉质紧密，尾节伸屈性强。质量差的虾色泽青白度差，肉质稍松，尾节伸屈性稍差。

9.海蟹的质量鉴别

(1)**体表鉴别**:新鲜海蟹体表色泽鲜艳,背壳纹理清晰而有光泽。腹部甲壳和中央沟部位的色泽洁白且有光泽,脐上部无胃印。次鲜海蟹体表色泽微暗,光泽度差,腹脐部可出现轻微的"印迹",腹面中央沟色泽变暗。腐败海蟹体表及腹部甲壳色暗,无光泽,腹部中沟出现灰褐色斑纹或斑块,或能见到黄色颗粒状滚动物质。

(2)**蟹鳃鉴别**:新鲜海蟹鳃丝清晰,白色或稍带微褐色。次鲜海蟹鳃丝尚清晰,色变暗,无异味。腐败海蟹鳃丝污秽模糊,呈暗褐色或暗灰色。

(3)**肢体和鲜活度鉴别**:新鲜海蟹为刚捕获不久的活蟹,肢体连接紧密,提起蟹体时,不松弛也不下垂。活蟹反应机敏,动作快速有力。次鲜海蟹生命力明显衰减的活蟹,反应迟钝,动作缓慢而软弱无力。肢体连接程度较差,提起蟹体时,蟹足轻度下垂或挠动。

腐败海蟹全无生命的死蟹,已不能活动。肢体连接程度很差,在提起蟹体时蟹足与蟹背呈垂直状态,足残缺不全。

10.河蟹的质量鉴别

(1)新鲜河蟹活动能力很强的活蟹,动作灵敏、能爬放在手掌上掂量感觉到厚实沉重。

(2)次鲜河蟹撑腿蟹,仰放时不能翻身,但蟹足能稍微活动。掂重时可感觉份量尚可。

(3)劣质河蟹完全不能动的死蟹体,蟹足全部伸展下垂。掂量时给人以空虚轻飘的感觉。

11. 其他水产品质量鉴别

(1)河蚌的质量鉴别

新鲜的河蚌,蚌壳盖是紧密关闭,用手不易掰开,闻之无异臭的腥味,用刀打开蚌壳,内部颜色光亮,肉呈白色。如蚌壳关闭不紧,用手一掰就开,有一股腥臭味,肉色灰暗,则是死河蚌,细菌最易繁殖,肉质容易分解产生腐败物,这种河蚌不能食用。

(2)牡蛎的质量鉴别

牡蛎是一种味道鲜美的贝类食品。牡蛎又名海蛎子,是一种贝类软体动物,由左右两个贝壳组成,右壳称上壳,左壳称下壳,并以左壳附着在岩礁,竹木、瓦片上,利用右壳作上下移动,进行摄食、呼吸,繁殖和御敌。

新鲜而质量好的牡蛎,它的蛎体饱满或稍软,呈乳白色,体液澄清,白色或淡灰色,有牡蛎固有的气味。质量差的牡蛎,色泽发暗,体液浑浊,有异臭味,不能食用。

牡蛎采收时间一般均在蛎肉最肥满的冬春两季,北方生产的牡蛎个头小,广东保安县生产的个头大。

(3)蚶子的质量鉴别

蚶子又名瓦楞子,是我国的特产。由于蚶肉鲜嫩可口,价廉物美,被人们视为美味佳肴。

新鲜的蚶子,外壳亮洁,两片贝壳紧闭严密,不易打开,闻之无异味。如果壳体皮毛脱落,外壳变黑,两片贝壳开启,闻之有异臭味的,说明是死蚶子,不能食之。目前,有些小贩子,将死蚶子已开口的贝壳,用大量泥浆抹上,使购买者误认为是活蚶子,为避免受害,以逐只检查为妥。

(4)花蛤的质量鉴别

新鲜的花蛤,外壳具固有的色泽,平时微张口,受惊时两片贝壳紧密闭合,斧足和触管伸缩灵活,具固有气味。如果两片贝壳开口,足和触管无伸缩能力,闻之有异臭味的,不能食之。

(5)冰鲜水产品鉴别方法

冰鲜水产品只是将捕捞上来的水产品用冰降温保鲜,并没有冷冻,所以，手感一般是比较软的，不像冷冻水产品那么硬。冷冻水产指经处理后快速冻结，并在－18℃或更低温度下储存的水产品（包括冷冻小包装）。这种方式容易改变水产品本身的组织结构和营养成分，肉质鲜度不如冰鲜水产品。

冰鲜水产品是直接或经冲洗后用碎冰覆盖储存或销售的制品，保证它们的肉体细胞没有产生变化，使水产品保持原有的口味和营养。冰鲜水产品量比较大的是虾类、蟹类、鱼类。

一看：鱼体外表是否光亮、完整；鱼鳃是否鲜红；鱼肚是否有破裂。

二摸：触摸鱼体，感觉是否有弹性，鱼鳞是否很容易剥落。

三嗅：闻闻是否有一种新鲜的感觉，腥味较重或有其他异味的海产品鲜度往往有问题。

(6)有毒泡发水产品的鉴别

泡发水产品应该用干净的温水，但不法商贩为了加快泡发速度，让货品增重，用工业火碱溶液泡发；为了让水产品外观光亮，卖相好，用工业双氧水漂白；为了让水产品保鲜持久，就用福尔马林（即甲醛溶液）浸泡。

人长期食用含有工业火碱的食品会出现头晕、呕吐等症状，食用过量会导致昏迷、休克甚至癌变。食用含有工业双氧水的食品，不仅会强烈刺激人体胃肠道；还存在致癌、畸形和引发基因突变的潜在危害。甲醛对人的皮肤和呼吸器官黏膜有强烈刺激作用，对人体的中枢神经系统，尤其是视觉器官、支气管和肺部有强烈刺激作用，损伤人的口腔、咽、食管、胃的黏膜，会导致肺水肿、肝肾充血及血管周围水肿。另外甲醛能和蛋白质的氨基结合，使蛋白质变性，扰乱人体细胞的代谢，对细胞具有极大的破坏作用，可致癌；还会损伤人的肝、肾功能，可能导致肾衰竭，一次食入10毫升以上可致死。鉴别有毒泡发水产品的方法如下：

(1)**看**：一般来说，用违禁药物泡发过的水产品，外观虽然鲜亮悦目，但色泽偏红。

(2)**闻**：用上述药物泡发过的水产品有刺激性气味，掩盖了食品固有的气味。

(3)**摸**：违禁药物浸泡过的水产品，特别是海参，触之手感较硬，而且质地较脆，手捏易碎。

(4)**尝**：用违禁药物浸泡过的水产品，吃在嘴里，会感到生涩，缺少鲜味，不过，凭这些方法并不能完全鉴别出水产品是否使用了违禁药物。若药物用量较小，或者已将鱿鱼、海参、虾仁加工成熟，施以调味料，就较难辨别了，所以消费者要到正规的销售点购买水产品。

(7)染色水产品的鉴别

为了让水产品卖相更好，不法商贩给水产品染色。染色的水产品有：用柠檬黄、胭脂红、亮藏花精、碱性玫瑰精染色的虾米；腹部用色素染黄，冒充黄花鱼的白鲴鱼，用掺有油漆的黄纳粉染色的小黄鱼；被酱油浸泡成暗红色的海蜇头；用墨汁染色的墨鱼。

亮藏花精俗称“酸性大红 73”，溶于水呈红色，吸附性强，色泽牢靠，主要用于木材的染色，还可用于羊毛、蚕丝织物、纸张、皮革的染色，塑料、香料和水泥的着色，还可制造墨水。这种染料有强致癌性，不能用于食品添加剂。碱性玫瑰精俗称“洋红”，是用于腈纶、造纸、油漆的染料，对肺部、眼睛、咽喉和肠道有刺激作用。黄纳粉是工业用染料，属于油漆涂料类，广泛用于装修和木材加工。食用含有这些工业染料的水产品，毒素会在人体内积存，引发疾病。

下面仅列举两种常见水产品的鉴别方法。

(1)染色虾米的识别

加过色素的虾米，外皮微红，但肉是黄白色的；添加了色素的虾米，皮肉都是红的，而且色泽特别鲜艳，比正常虾米要红。将几只虾米放在杯子里，往杯子里加入开水，一段时间后，如果是染色虾米，水是红色，有的染料不容易褪色，所以凡是颜色鲜红艳丽的虾米要慎买。

(2)染色小黄鱼的识别

用白纸巾在鱼体上擦拭，如果纸巾被染上黄色，小黄鱼被“化妆”过；冷冻的小黄鱼如被染色，冰面或冰水也会呈现黄色，消费者慎买。

12.“柴油鱼”的鉴别

为了使长途运输中的鱼保持鲜活，销售者在水中加入柴油。由于加入柴油的水空气稀薄，于是鱼会不停游动，这样的鱼被称为“柴油鱼”。柴油中含多种重金属，大多对人体有危害，食入少量就会刺激肠胃，出现呕吐症状，短期内难以恢复。所以在市场买鱼时一定要小心鉴别。

(1)买鱼最好到正规的菜市场和超市。

(2)购买时先仔细闻闻，看有没有异味。

(3)在放了柴油的水里游过的鱼，身上会有油光；有细小油珠附在鱼鳞上，亮度相对明显。

13. 辨识喂过避孕药的黄鳝

黄鳝是雌雄同体，小时候为雌性，在生长过程中会慢慢变成雄性，在激素类药物作用下黄鳝可以早熟。由于雄性个头比雌性大，卖价好，有的养殖者会在喂养黄鳝时投以避孕药等激素类药物来催肥。食用这种黄鳝对人体的危害极大：成人食用这种黄鳝可能导致肥胖或不孕症；未发育完全的儿童经常食用这种黄鳝就会造成儿童性早熟。

目前还没有可靠的方法迅速、准确检测出喂避孕药的黄鳝，根据它的催肥作用，过于肥大的黄鳝慎买。另外不要让儿童经常食用黄鳝，每次食用的量也要有限制。

第八章　各种调味品的鉴别和选购方法

1. 酱油的鉴别和选购

国家安全标准规定:酱油在产品的包装标识上必须醒目标出“用于佐餐凉拌”或“用于烹调炒菜”,散装产品亦应在大包装上标明上述内容。国家规定氨基酸态氮含量不得小于 0.4 克/100 毫升。一般来说,特级酱油的氨基酸态氮含量大于等于 0.8 克/100 毫升,一级酱油的氨基酸态氮含量大于等于 0.7 克/100 毫升,二级酱油的氨基酸态氮含量大于等于 0.55 克/100 毫升,三级酱油的氨基酸态氮含量大于等于 0.4 克/100 毫升。

选购酱油,应优先选购标识完整的、大中型企业生产的、适合自己用途的名牌产品。消费者要学会看标签,生产日期不要购买过期产品,注意生产厂家,不要被类同标签图案误导。注意生产方法:酿造酱油还是配制酱油,防范买到“三氯丙醇超标酱油”。

餐桌酱油在生产中严格控制菌落总数,食用时不用加热,可直接凉拌调味或佐餐,也用于代替烹调酱油加工菜品。烹调酱油在生产中不对菌落总数进行控制,食用时需加热灭菌再调味,如炒菜、炖菜。**最好不要用烹调酱油代替餐桌酱油直接使用。**

2.“毛发水酱油”的鉴别

人发、畜禽杂毛(秆)、蹄、角、爪等废料制造出的“毛发水”中所含的动物角质蛋白在强酸(盐酸或硫酸)及高温高压下,水解出的溶液加盐、色素、香精、水,配兑成假酱油。这种酱油即称“毛发水酱油”。人和动物的毛发水解液,含有砷、铅等有害物质。水解毛发时,使用了工业盐酸,且在配兑酱油时加入的酱色中,含有四甲基咪唑,人食用后会发生慢性中毒、惊厥,诱发癫痫,甚至致癌。

“毛发水酱油”中含一种特殊的物质——胱氨酸,所以含这种物质的酱油就可以确定为“毛发水酱油”。这种物质消费者无法自行检测,但是这种酱油通常都是散装酱油。所以消费者尽量不要购买散装酱油和来路不明的酱油,降低买到“毛发水酱油”的可能性。

消费者要购买优质酱油,方法如下:

(1)**看外观:**取少量酱油放在白底瓷碗内:合格酱油液,色泽鲜亮,呈棕褐色,或红褐色,轻摇瓷碗,优质品黏稠,对碗壁附着力强,留色时间长;伪劣品色泽发乌、混浊、淡薄,有的可见沉淀物或霉花浮膜(长一层白皮),轻摇瓷碗,附在碗壁上的时间短,炒菜不上色。

(2)**嗅气味:**优质品有宜人的豉香,酱香浓郁。假冒、劣质品有焦苦味、糖稀味,香气不纯,甚至没有香味。

(3)**尝味道:**优质品味鲜适口,醇厚协调,稍有甜感,回味悠长;假冒、劣质品味感苦,无鲜味,甚至有酸、涩等异味。

(4)**搅拌:**优质品因含较多有机质,用筷子搅拌会起大量泡沫,经久不散;伪劣品由于可溶性固形物、氨基酸含量低,搅拌后泡沫少,一摇就散。

3. 勾兑醋的鉴别

与酱油一样,买醋也要优先选购标识完整的产品,一定仔细查看标签、生产日期,不要购买过期产品。生产厂家不要被类同标签图案误导。生产方法是酿造食醋还是配制食醋(勾兑醋),根据个人爱好选购。食醋类型有香醋、陈醋、米醋等,根据用途选购。醋酸含量一般来说配制食醋醋酸含量不得小于2.5克/100毫升,酿造食醋的醋酸含量不得小于3.5克/100毫升。非调味食醋不在此限(如饮用醋)。

醋中掺入过量的水,又兑入了工业冰醋酸来加重醋味,这样的醋被称为勾兑醋。工业冰醋酸当中含有许多杂质,比如盐酸或铅、铬等重金属,这些物质危害人体健康。

(1)“镇江香醋”的鉴别

优质“镇江香醋”是由大米和各种有机原料酿造而成的,在发酵的过程中产生丰富的氧基酸、蛋白质。在震荡醋瓶的时候,优质“镇江香醋”会产生丰富的泡沫,而且泡沫持久不消。伪劣的“镇江香醋”震荡时,虽然瓶中也有泡沫出现,但很快消失。

(2)“山西老陈醋”的鉴别

“山西老陈醋”是紫红色的，气味酸香醇郁，把醋盛在碗里然后倒出，碗壁上有一层薄薄的醋的液膜挂在上面；假冒伪劣的“山西老陈醋”颜色不正，酸味刺鼻，也没有挂碗现象。

4. 各种酱的质量鉴别和选购

常食用的酱可分为两大类：发酵酱和不发酵酱。发酵酱类中又分面酱和黄酱两大类，此外还有蚕豆酱、豆瓣辣酱、豆豉、南味豆豉，以及酱类的深加工，即各种系列花色酱等。其中用黄豆为主要原料发酵酿造而成的是豆瓣酱；经磨碎的是干黄酱；加水磨碎的是湿黄酱；豆瓣酱加入辣椒水的是豆瓣辣酱；以面粉为主要原料发酵酿造成的是甜面酱。此外，就是非发酵型的果酱和蔬菜酱等。

根据国家标准，标准酱产品的标签上应该至少包括以下内容：食品名称、配料表、净含量、制造者名称及地址、生产日期、保质期、产品标准号等，优质的酱产品标签内容完整，包装设计比较精美，而伪劣品常常没有生产日期或字迹模糊，辨认不清。从内在质量看，市场上销售的劣质酱类常常口感粗糙，体态稀，炸酱时常常粘锅，经过化验，还原糖指标极低，卫生指标不合格。

酱类的一般鉴别方法：

(1)色泽：质酱类呈红褐色、棕红色或黄色，油润发亮、鲜艳而有光泽；劣质酱类则色泽灰暗，无光泽。

(2)体态：良质酱类在光线明亮处观察黏稠适度，不干，无霉花杂质；劣质酱类则过干或过稀，往往有霉花、杂质和蛆虫等。

(3)气味：优质酱类嗅闻时具有酱香和酯香气味，无异味；劣质酱类则香气不浓、平淡，有微酸败味或霉味。

(4)滋味：良质酱类入口滋味鲜美、酥软，咸淡适口，有豆酱或面酱独特的风味，豆瓣辣酱有锈味；而劣质酱类则有苦味、涩味、焦煳味和酸味。

5. 芝麻酱辨别方法

(1)看包装

购买芝麻酱首先要看看产品的包装是否结实整齐美观。包装上是否标明厂名、厂址、产品名称、生产日期、保质期、配料等。

(2)看是否新鲜

应避免挑选瓶内有太多浮油的芝麻酱,因为浮油越多表示存放时间越长。距生产时间不超过 20 天的纯芝麻酱,一般无香油析出,外观棕黄或棕褐色,用筷子蘸取时黏性很大,垂直流淌长度能达到 20 厘米左右。

距生产时间在 30 天以上的纯芝麻酱,外观棕黄或棕褐色,此时一般上层有香油析出,但在搅均匀后,流淌特性不会有太大改变。

(3)闻气味

芝麻酱一般有浓郁芝麻酱香气,无其他异味。掺入花生酱的芝麻酱有一股明显的花生油味,甜味比较明显。掺入葵花子油的芝麻酱除有明显的葵花子油味外,而且与纯芝麻酱相比,气味淡了许多。

(4)搅拌

取少量芝麻酱放入碗中,加少量水用筷子搅拌,如果越搅拌越干,则为纯芝麻酱。其主要原因是由于芝麻酱中含有丰富的芝麻蛋白质和油脂等成分,这些成分对水具有较强的亲和力。

同时要注意的是,芝麻酱开封后尽量在 3 个月内食用完,因为此时口感好、营养不易流失,开封后放置过久,容易氧化变硬。在用芝麻酱调制佐料时,先用小勺在瓶子里面搅几下,然后盛出芝麻酱,加入冷水调制,不要用温水。

6. 味精的选购鉴别

味精又名味素,化学成分为谷氨酸钠,一般呈晶体状颗粒,是食品增鲜剂,最初是从海藻中提取制备,现均为工业合成品。如果谷氨酸钠含量小于80%,这个产品就不能称为“味精”。味精主要有三类,消费者可从产品名称、配料表和谷氨酸钠含量来选购:纯味精,或者标明无盐味精,谷氨酸钠含量在99%以上。含盐味精,是添加了食盐且谷氨酸钠含量不低于80%的味精,有95%味精,90%味精,80%味精三种。特鲜味精,或者叫强力味精,指纯味精中又加上了核苷酸钠等“增鲜剂”。

味精掺假物主要有食盐、淀粉、小苏打、石膏、硫酸镁、硫酸钠或其他无胡盐类。长期食用掺假味精会给人的健康留下隐患。鉴别方法如下:

(1)**眼看**:优质味精含谷氨酸钠90%以上的呈柱状晶粒,含谷氨酸钠80%~90%的呈粉末状,均无杂质及霉迹。掺假味精色泽异样,粉状不均匀,或者呈块状,有杂质和霉迹。

(2)**手摸**:优质味精手感柔软,无粒状物触感;掺假味精摸上去粗糙,有明显的颗粒感。若含有淀粉、小苏打,则感觉过分滑腻。

(3)**口尝**:真味精有强烈的鲜味,无异味。如果味大于鲜味,表明掺入食盐;如有苦味,表明掺入氯化镁、硫酸镁;如有甜味,表明掺入白砂糖;难于溶化又有冷滑黏糊之感,表明掺了木薯粉。另外,若以石膏作为掺假物,口尝苦涩,用水浸泡不溶解,有白色大小不等的片状结晶;若以碳酸钠作为掺假物,口尝微咸,用水浸泡溶解后的液体味亦如此。

7.辣椒粉的鉴别

辣椒粉是由各种辣椒如红辣椒、黄辣椒及其种子和辣椒柄碾碎混合而成。优质辣椒粉呈土黄色,可看见有很多的辣椒皮块和辣椒子。假辣椒粉常以小包装出售,色泽淡红,辣椒子较少。掺伪辣椒粉主要是掺入麦麸、玉米粉或红砖粉。

(1)**掺有红砖粉**:掺有红砖粉的辣椒粉比正常的辣椒粉重,碎片不均匀,用舌舔感到牙碜。放少许辣椒粉在饱和食盐水中,辣椒粉密度小浮于上面,红砖粉密度大沉到下面。

(2)**掺有色素**:放少许辣椒粉在白纸上,用手揉搓,如留有红色,则表明掺有色素。

(3)**掺有玉米粉**:色泽浅黄,辣味不浓,入口黏度大,放在清水中起糊的辣椒粉,则是掺了玉米粉。

(4)**掺有豆粉**:辣椒粉中可见过多的黄色粉末,鼻闻有豆香味,辣味淡,入口有甜味,则是掺入了豆粉。

8. 胡椒粉的鉴别

胡椒粉分黑胡椒粉和白胡椒粉两种。黑胡椒粉是灰褐色粉末,白胡椒粉是浅棕白色粉末,均具有纯正浓厚的胡椒香气,味道香辣刺鼻,粉末均匀,做菜时可以去腥解膻,用手指头摸不染颜色。若放入水中浸泡,其液面上为褐色,底下沉有棕褐色颗粒。假胡椒粉可能采用米粉、玉米粉、胡椒叶、胡椒茎、黑炭粉、草灰等杂物制成,另外加少量胡椒粉,或根本不加胡椒粉。其粉末不均匀,胡椒香气淡或无胡椒香气,做菜时不能去腥解膻,用手指头沾上粉末摩擦,手指会被染黑。若放入水中浸泡,上液呈淡黄或黄白色糊状,底下沉有橙黄、黑褐色等杂质颗粒。另外到了夏季,真胡椒粉不生虫,假胡椒粉会生虫。

胡椒粉是灰褐色粉末,具有胡椒香气,味道辛辣,粉末均匀,手指摸不染色。若放入水中浸泡,其溶液为褐色,底部沉有棕褐色颗粒。假胡椒粉大多颜色较重,呈黑褐色,香气淡薄或无胡椒香气,味道异常,其粉末不均匀,手指蘸粉末摩擦,染黑手指。放入水中浸泡,液体呈淡黄或黄白色糊状,底部沉有橙黄、黑褐色杂质颗粒。这样的胡椒粉是用米粉、玉米粉、糖、麦皮、辣椒粉、黑炭粉、草灰等混合而成,加少量胡椒粉或根本不加胡椒粉。

9. "石蜡火锅底料"的鉴别

重庆传统风味的火锅底料中主料是牛油,优质牛油凉了会变硬。往火锅底料中加入食品蜡,不是牛油的油脂也会发硬,以假乱真。食品包装石蜡长时间煮,会分解出低分子化合物,这种化合物对人体呼吸道和肠胃系统有不良影响,降低其免疫功能,使人易患呼吸道疾病,引发体内脏器疾病,如肺炎、气管炎等;进食添加石蜡的食品会造成肠胃蠕动、滑肠腹泻。在人体内长时间积蓄，还会引发人体细胞变异疾病，危害健康。

辨别方法为：

(1)看：看包装是不是详细的厂址、厂名、联系方式等。

(2)摸：摸一下，感觉是否硬，合格的火锅锅底料随气温的变化硬度也会发生变化，一般为冬天较硬、夏天较软；而含石蜡的底料任何时候都硬，甚至掰不断。

(3)捻：打开包装，用手捻碎底料，纯牛油的底料有滑腻的感觉，添加石蜡的底料非常干涩。

(4)熔点：牛油在火锅里面20℃～30℃就完全融化，石蜡的底料融化较慢，因为石蜡般在50℃～70℃才能融化。

10. 虾油、虾酱的质量鉴别

优质虾油色泽清而不混，油质浓稠；气味鲜浓而清香；咸味轻，洁净卫生。次质虾油色泽清而不混，但油质稍稀；气味鲜，但没有浓郁的清香感觉；咸味轻重不等，亦洁净。劣质虾油色泽暗淡混浊，油质稀薄如水；鲜味不浓，更无清香味；口感苦咸而涩，且不卫生。

优质虾酱色泽粉红，有光泽，味清香；酱体黏稠呈糊状，无杂质，卫生清洁。劣质虾酱呈土红色，无光泽，味腥臭；酱体稀而不黏稠，混有杂质，不卫生。

11. 常用香料的鉴别

大料：

大料学名八角茴香、大茴香，一般为8个角，瓣角整齐，瓣纯厚，尖角平直，蒂柄向上弯曲。有强烈而特殊的香气，味甘甜。市场上发现有以莽草充当大料的，莽草多为8瓣以上，瓣角不整齐，瓣瘦长，尖角呈鹰嘴状，外表极皱缩，蒂柄平直。没有八角茴香特有的香气，味苦。

莽草中含有莽草毒素等，误食易引起中毒，其症状在食后30分钟后表现，轻者恶心、呕吐，重者烦躁不安，瞳孔散大，口吐白沫，甚至致死。如果没经过加工，大料、莽草分辨不难，如已加工成粉末状，最好取少许加4倍水，煮沸30分钟，过滤后加热浓缩，八角茴香溶液为棕黄色；莽草溶液为浅黄色。

花椒：

花椒正品为2～3个小果，集生，每一个小果(直径0.4厘米～0.5厘米)沿腹缝线开裂，外表面紫色或棕红色，有疣状凸起的小油点。内表面淡黄色，光滑。内果和外果皮常与基部分离。香气浓，味麻辣而持久。

而假的花椒为5个小果并生，呈放射状排列，状似梅花。每一个小果从顶开裂，外表呈绿褐色或棕褐色；整体粗糙，有少数圆点状突起的小油点；香气较淡，味辣微麻。

桂皮：

桂皮正品外表面呈灰棕色，稍粗糙，有不规则细皱纹和突起物；内表面红棕色、平滑，有细纹路，划之显油痕。断面外层棕色，内层红棕色而油润，近外层有一条淡黄棕色环纹。香气浓烈，味甜、辣。

假桂皮外表呈灰褐色或灰棕色，粗糙，可见灰白色斑纹和不规则细纹理。内表面红棕色，平滑 。气微香，味辛辣。

小茴香：

真正的小茴香正品双悬果呈圆柱形，两端略尖、微弯曲，长0.4厘米～0.7厘米，宽0.2厘米～0.3厘米。表面黄绿色或绿黄色。分果呈长椭圆形，背面5条隆起的纵肋，腹面稍平坦。气芳香，味甜、辛辣。

假的则分果呈扁平椭圆形，长0.3厘米～0.5厘米，宽0.2厘米～0.3厘米。表面棕色或深棕色，背面有3条微隆起的肋线，边缘肋线浅棕色延展或翅状，气芳香，味辛辣。

姜：

真的好姜呈圆柱形，多弯，有分枝。长5厘米～8厘米，直径0.5厘米。表面棕红色至暗褐色，分节，节长0.2厘米～1厘米。断面灰棕色或红棕色，气芳香，味辛辣。

假的姜则呈圆柱状，多分枝，长8厘米～12厘米，直径2厘米～3厘米。表面红棕色或暗紫色，有环节，节间长0.3厘米～0.6厘米，断面淡黄色，气芳香但比正品香气淡，味辛辣。其所含挥发油对皮肤及黏膜有刺激作用。

第九章　酒水、饮料的鉴别和选购方法

1. 矿泉水的鉴别和选购

矿泉水必须是经有关部门批准的,发源于地质上、物理状态上受保护的天然地下水,以其富含独特矿物成分和微量元素而区别于其他类型的水。其装瓶后的水成分应与水源水成分一致,天然矿泉水的溶解物应在标签上写明,以“毫克/升”表示。

(1)看日期:最长的保质期为一年,没有生产日期或超过一年保质期的,即使正品也不能购买饮用。

(2)查标签:矿泉水必须标明品名、产地、厂名、注册商标、生产日期、批号、容量、主要成分和含量、保质期等。假劣矿泉水,往往标识简单。如果标签破烂脏污、陈旧不清,就可能是利用剥下的标识生产的假矿泉水,不能购买。

(3)看外观:瓶子应是全新无磨损的,将瓶口向下不漏水,略挤压也应不漏水,否则就很可能是利用旧瓶灌装的假冒矿泉水。矿泉水在日光下应为无色、清澈透明、不含杂质,无混浊或异物漂浮及沉淀现象。

(4)试口感:泉水无异味,有的略甘甜;碳酸型矿泉水稍有苦涩感。冷开水假冒矿泉水,口感不好;自来水假冒矿泉水,会有漂白粉或“氯”味;用普通地下水假冒矿泉水,会有异味。

在选购瓶装水时要注意以下方面:

(1)瓶盖与瓶嘴连接紧密,倒置手压不漏水,摇动后对着亮处观察瓶中水无异物。

(2)标签印制精良,并且与瓶子贴合紧密,不松动。

(3)瓶身或瓶盖大多数有高精度“喷码”的出厂日期和防伪标记;有的未采用“喷码”技术,但生产日期标注规范。

(4)标注清晰,标签与包装箱标注内容一致,瓶标上标明有产品名称、执行标准、批准号、净含量、矿物质含量、保质期、生产日期、厂名、厂址、生产厂家详细通讯地址、电话等。

另外,除矿泉水以外,还有一些饮用水选购时也要注意:

(1)纯净水:在生产过程中,经过过滤、蒸馏、吸附或反渗透等工艺,确实除去了一部分有害物质，但同时也除去了人体所需的某些微量元素和钙、镁等元素，特别是钙离子流失严重。不能经常喝。

(2)氟化水：选购氟化水时要知道每升所含氟离子不得少于0.8毫克，标签上应标明氟化物是天然存在的还是加入的。

(3)活性水：是既符合国家饮用水卫生标准的基本要求，又具有某些有利于人体健康的特殊功能的水。根据不同的加工工艺和附加功能，目前已上市的产品有矿化水、磁化水、电解离子水、自然回归水等。

2.桶装水的鉴别与选购

生产1吨纯净水需要4吨自来水，市场上常见的桶装水，一桶水的成本大约为8元，再加上送水费和利润，一桶水的售价在10～14元之间较为适当，如果过低，质量难有保证，过高，则有暴利之嫌。

要选择外包装上标明卫生许可证号、生产许可证号、设备评价证号和生产日期、保质期的产品。还要注意桶(瓶)盖的封口，封口采用“热缩膜”密封的比较保险，密封不严的纯净水在炎热的夏季长期存放也容易发生霉变，再看看水的透明度，至少其中应无杂物悬浮。

如果消费者打算长期饮用一种品牌的水，不妨亲自去水厂看一看实际生产规模和条件，如果推销员一味回避这个问题，就足以让人明白这个水厂不具备应有的生产条件。

3.果汁饮料的鉴别和选购

果汁饮料可分为原果汁、浓缩果汁、原果浆、水果汁、果肉果汁、高糖果汁、果粒果汁和果汁8种。软饮料标准规定，果汁饮料的命名一定要和原果汁含量相符。果汁富含维生素和矿物质，某些成分具有清除自由基反应的作用及生理意义，具有一定的营养保健功能。鉴别方法如下：

(1)看包装：瓶装或罐装饮料的瓶口、瓶体不能有渍痕和污物，软包装饮料手捏不变形。同时瓶盖、罐身、包装袋等不得凸起、胀大。

(2)看内容物：凡不带果肉的透明型饮料，应清澈透明，无任何漂浮物和沉淀物；不带果肉且不透明型饮料，应均匀一致，不分层，不得产生混浊；果肉型饮料，可见不规则的细微果肉，允许有沉淀。

(3)口尝：根据标签上标注的原果汁含量判断饮料和名称是否一致。

另外，要注意果汁饮料易被细菌污染，产酸、产气或只产酸不产气，导致口味变差，故一般都要添加防腐剂如山梨酸（钠、钾）或苯甲酸（钠），有些厂家不注明防腐剂，使消费者误认为是有机酸或钠盐、钾盐。消费者在购买时要注意看清果汁成分。

除100%原果汁外，一般果汁饮料都要加糖、食用色素、香料和防腐剂，所以日常生活中不能用其代替水果和水，特别是儿童，如果大量饮用这些饮料，会抑制食欲或过多摄入糖分，导致肥胖。另外糖尿病患者必须注意含糖量。

果汁是由各种水果榨汁制成，含有多种维生素、糖类、无机盐、有机酸。值得注意的是那些色泽特别鲜艳的果汁，含有大量对人体有害的色素，应引起警惕。是否是原果汁可从以下方面来鉴别：

(1)看色泽：100%果汁应具有近似新鲜水果的色泽，可以将瓶子对着光看，如果内容物颜色特深，说明其中的色素过多，是加入了人工添加剂的伪劣品。若瓶底有杂质则说明该饮料是假冒伪劣产品或已经变质，不能饮用。

(2)嗅气味：开盖后，100%果汁具有水果的清香；伪劣的果汁产品闻起来有酸味和涩味。

(3)尝味道：100%果汁入口后应该是新鲜水果的原味，入口酸甜适宜（橙汁入口偏酸）；劣质品往往入口不自然，甚至难以下咽。

4.茶叶的鉴别和选购

茶叶种类很多，有红茶、绿茶、乌龙茶、花茶等，但各种茶叶的口味和功效都不一样，而且个人的喜好也不一样，选购时不仅要根据质量来鉴别，还要根据需要来选购。

茶叶质量优劣的鉴别方法有：

(1)看外形：

条索：条形茶的外形叫条索。以紧而细、圆而直、匀、齐、身骨重实的为好；粗而松、弯而曲、杂、碎、松散的为差。

嫩度：茶叶的嫩度，主要是看芽头的多少、叶质的老嫩和条索的润燥，还要看峰苗(用嫩叶制成的细而有尖峰的条索)的比例。红茶以芽头多、有峰苗、叶质细嫩为好；绿茶的炒青以峰苗多、叶质细嫩、身骨重实为好；烘青则以“芽毫”多、叶质细嫩为好。粗而松、叶质老、身骨轻软的为较次。

色泽：看茶叶的颜色和光泽。红茶的色泽有乌润、褐、灰枯的不同；绿茶的色泽有嫩绿或翠绿、洋绿、青绿、青黄，以及光润和干枯的不同。红茶以乌润为好，绿茶以嫩绿、光润为好。

净度：主要看茶叶中是否含梗、末、其他非茶类的杂屑，以无梗、末和杂屑的为好。

气味：嗅嗅茶叶的香气是否正常，是否有烟、焦、霉、馊、酸味或其他不正常的气味。

(2)看茶叶内质

内质审评包括评定香气、滋味、汤色和叶底。取一小撮茶叶(约3～5克)，放入容量为150毫升的茶杯中，用开水冲泡，并盖上杯盖。5分钟后，打开杯盖。

香气：用嗅觉来审评香气是否纯正和持久。可反复多嗅几次，以辨别香气的高低、强弱和持久度，以及是否有烟、焦、霉味或其他异味。

汤色：茶叶内含物被开水冲泡出的汁液所呈现的色泽叫汤色。汤色有深与浅、明与暗、清与浊之分。以汤色明亮、纯净透明、无混杂的为好；汤色灰暗、混浊者为差。红茶以红艳明亮为优，绿茶以嫩绿色为上品。

滋味：茶叶经沸水冲泡后，大部分可溶性有效成分都进入茶汤，形成一定的滋味，滋味在茶汤温度降至50℃左右时为最好。品尝时，含少量茶汤，用舌头细细品味，从而辨别出滋味的浓淡、强弱、爽醇或苦涩等。

叶底：观察杯中经冲泡后的茶叶的嫩度、色泽和匀度。还可以用手指按压，判断它软硬、厚薄和老嫩的程度。

(3)鉴别新茶和陈茶的方法

一观：新茶外形新鲜，条索匀称而疏松；旧茶外形灰暗，条索杂乱而干硬。

二感：新茶手感干燥，若用拇指与食指一捏，或放在手心一捻，即成粉末。

三泡：经沸水冲泡后，新茶清香扑鼻。芽叶舒展，汤色澄清，刚冲泡时色泽碧绿，而后慢慢转微黄，饮后感觉爽而醇；旧茶香气低沉，芽叶萎缩，汤色灰暗，刚冲泡时色泽有点暗黄，即使保管较好的陈茶，开始汤色虽稍好一些，但很快就转混浊暗黄，饮后不仅无清香醇和之感，甚至还会带有轻微的异味。

5.识别“十大名茶”的方法

西湖龙井、碧螺春、信阳毛尖、君山银针、六安瓜片、黄山毛峰、祁门红茶、都匀毛尖、铁观音、武夷岩茶、并称我国“十大名茶”。鉴别方法如下：

(1)西湖龙井

西湖龙井产于浙江杭州西湖区，茶叶为扁形，叶细嫩，条形整齐，为绿黄色，手感光滑，一芽一叶(或二叶)，芽长于叶，一般长3厘米以下，芽叶均匀成朵，不带碎片，小巧玲珑，味道清香。假冒龙井茶则多是青草味，碎片较多，而且手感不光滑。

假冒龙井茶则多是青草味，碎片较多，而且手感不光滑。

(2)碧螺春

碧螺春产于江苏吴县太湖的洞庭山碧螺峰，银芽显露，一芽一叶，茶叶总长度为1.5厘米，每500克有5.8万～7万个芽，叶为卷曲清绿色，叶底幼嫩，均匀明亮。假的是一芽二叶，芽叶长度不齐，呈黄色。

(3)信阳毛尖

信阳毛尖产于河南信阳车云山，条索外形紧而圆、细而直、光亮、翠绿，香气新鲜，叶底嫩绿匀整，青黑色，一般一芽一叶(或一芽二叶)。假的条索力卷曲形，叶片发黄。

(4)君山银针

君山银针产于湖南岳阳洞庭湖君山，由未展开的肥嫩芽头制成，芽头肥村挺直、匀齐，有茸毛，色泽金黄光亮，香气清鲜，茶色浅黄，味甜爽，冲泡时悬空竖立，然后徐徐下沉杯底，如春笋出土，又像银刀直立。假银针为青草味,泡后银针不能竖立.

(5)六安瓜片

六安瓜片产于安徽六安和金寨两县的齐云山,形似瓜子而得名。其外形平展,每下片不带芽和茎梗,叶呈绿色,光润,微向上重叠,形似瓜子,香气清高,水色碧绿,滋味回甜,叶底厚实明亮。假的香气淡、味苦,颜色比较黄。

(6)黄山毛峰

黄山毛峰产于安徽歙县黄山,其外形细嫩,稍卷曲,芽肥壮、匀齐,有峰毫,形状有点像雀舌,叶呈金黄色。色泽嫩绿油润,香气清鲜,水色清澈、杏黄、明亮,味醇厚;叶底芽叶成朵,厚实鲜艳。假茶呈土黄色,味苦,叶底不成朵。

(7)祁门红茶

祈门红茶产于安徽祁门县,茶颜色为棕红色,叶长 0.6 厘米~0.8 厘米,味道浓厚,强烈醇和、爽醇。假茶添加了人工色素,味苦涩、淡薄,条叶形状不齐。

(8)都匀毛尖

都匀毛尖产于贵州都匀县,叶嫩绿匀齐,细而小,短而薄,一芽一叶初展,形似雀舌,长 2 厘米~2.5 厘米,条索外形紧而细、卷曲,毫毛显露,色泽光润翠绿,内质香气清嫩、新鲜、回甜,水色清澈,叶底嫩绿匀齐。假茶叶底不匀,味苦。

(9)铁观音

铁观音产于福建安溪县,叶体形美如观音,多呈螺旋形,色泽光润,绿芽蒂、绿叶,具有天然兰花香,汤色清澈金黄,味醇厚甜美, 入口先苦后甜,耐冲泡,叶底开展,青绿红边,肥厚明亮,每颗茶都有茶梗。假茶叶形长而薄,条索较粗,无青翠红边,冲泡三遍后便无香味。

(10)武夷岩茶

武夷岩茶产于福建崇安县,条索外形肥壮、紧实、匀整,带韧垂曲条形,叶背起蛙皮状砂粒,俗称“蛤蟆背”,香气馥郁、隽永,滋味醇厚,余味苦,润滑爽口,汤色橙黄,清澈艳丽,叶底匀亮,边缘朱红或起红点,中央叶肉黄绿色,叶脉浅黄色,可冲泡 6~8 次。

假茶冲泡后,开始味淡, 欠韵味,茶汤色泽灰暗。

6. 咖啡的鉴别

咖啡为茜草科灌木，咖啡树果实种子，半圆形有沟纹，经炒熟后制成咖啡粉，棕褐色有特殊香气，咖啡粉经煎煮后即可饮用，如将汁浓缩再干燥即成速溶咖啡。

伪劣咖啡是在真咖啡中掺入菊苣根粉，或将谷物、豆类焙炒粉碎后掺入。真咖啡含咖啡碱，具有特殊香气。劣质咖啡一般是过期或密封不严受潮造成结块，香气滋味明显变化，往往香气消失，喝有异味。还有将咖啡粉磨细冒充速溶咖啡的，其实，二者工艺不同，速溶咖啡是将咖啡水浓缩，喷雾干燥而成，工艺复杂，冲泡后立即溶解，无漂浮，无渣滓，而咖啡粉尽管磨得很细，冲泡后有漂浮物，有沉渣，不能下咽，只能吹着喝。常见还有将速溶咖啡包装涂改保质期的。速溶咖啡保质期一般为二年。

7. 白酒的鉴别和选购

白酒是家庭餐桌上的常备酒品，主要有五种香型：

(1)**清香型**：气味纯正，酸甜柔和，香气谐调，余味爽净(即清、甜、爽、净)，它的代表是山西杏花村的汾酒。

(2)**浓香型**：窖香浓郁，香气谐调，余味爽净，有余香悠长的独特风格。也称“窖香型”或“泸香型”，主要以四川“五粮液”和“泸州老窖”特曲为代表。

(3)**酱香型**：酒气香而不艳，低而不淡，酱香独特，幽雅细腻，酒体醇厚丰满，回味悠长，饮后空杯隔日留香。也称“茅台型”，主要以“贵州茅台”和“四川郎酒”为代表。

(4)**米香型**：米香清雅，落口绵柔，回味怡畅。也称“小曲米香型”，代表酒有广西桂林的“三花酒”和全州的“湘山酒”。

(5)**复合香型**：具有两种香型酒混合香气的白酒，包括兼香型(浓香与酱香型兼而有之)、芝麻香型、豉香型等。特点是芳香幽雅，酱浓协和，余味悠长，主要代表是陕西“西凤酒”、贵州“董酒”。

选购白酒时要注意以下方面：

(1)看瓶型：许多名牌白酒都有独具特色的瓶型。假酒的瓶型高低粗细不等，外包装陈旧甚至脏污，封口不严或“压齿”不整齐。

(2)看印刷：好的白酒其标签的印刷是十分讲究的。纸质精良白净、字体规范清晰，色泽鲜艳均匀，图案套色准确，油墨线条不重叠，如有英文或拼音字母，则大小规范一致。上述特点中有一点不具备，就可断定是假酒、劣酒。此外，现在很多品牌白酒在包装盒或瓶盖上使用激光全息防伪标志，从不同的角度观察会呈现不同的色泽，而且只能一次性使用，稍有损坏就不能复原。假酒的商标标识粗糙，色泽不正，图案模糊不清，与真正名牌酒商标标识外观有明显区别。

(3)看瓶盖：目前我国有17种国家公布、认可的名牌白酒，其瓶盖大都使用铝质金属防盗盖，特点是盖光滑，形状统一，开启方便，盖上图案及文字整齐清楚，对口严密，有的瓶盖还用塑料膜包裹，其包装十分紧密，无松软现象。若是假冒产品，倒过来时往往容易滴漏，盖不易开启，而且盖上图案、文字不清。

(4)看酒质：将酒瓶倒置，察看瓶中酒花的变化，若酒花密集上浮，而且立即消失，并有明显的不均匀分布，酒液混浊，即为劣质酒；若酒花分布均匀，上浮密度间隙明显，且缓慢消失，酒液清澈，则为优质酒。

把酒瓶拿在手中慢慢地倒置过来，对光观察瓶的底部，如有下沉物质或云雾状悬浮物，说明酒里杂物较多；反之则说明酒的质量相对比较好。

摇动酒瓶，如出现小米粒到高粱粒大的酒花，且持续时间在15秒左右，酒的度数大约为53°～55°；如酒花有高粱粒大小，持续时间在7秒左右，酒的度数约57°～60°；如酒花有玉米粒大小，持续时间在3秒左右，酒的度数约65°。

(5)闻香味：饮用白酒前可以再做一做鉴定，倒少量酒在手心，用两手摩擦一会儿，然后闻其香味。一般白酒要具有本产品所特有的明显溢香和较好的喷香以及留香，不应有异味如焦煳味、腐臭味、酒糟味、泥土味等不良气味。

8. 工业酒精勾兑白酒的鉴别方法

近年来，不时发生用工业酒精(即甲醇)勾兑白酒，因酒中甲醇含量超标而致人伤亡的事件，消费者在购买酒类时要谨慎。食用甲醇后8～36小时表现出发病症状，轻者表现为头痛、头晕、乏力、步态不稳、嗜睡等；重者则表现为意识模糊、昏迷、癫痫样抽搐、休克，甚至导致死亡。辨别方法有：

(1)缓慢倒置酒瓶，真酒酒液仍呈透明无色状，瓶底光亮清澈。假酒则呈混浊状，并有悬浮物或沉淀物。

(2)真酒有特有的酒香，芬芳馥郁，香味谐调，口味柔和，不呛嗓，不上头。假酒香气不纯，有杂味、辣味，刺激咽喉部，上头。

农贸市场销售的散装白酒慎购，因为散装白酒多为小作坊生产，即使不是用工业酒精勾兑的，卫生状况也令人担忧。

9. 葡萄酒的鉴别和选购

葡萄酒是用葡萄为原料酿制而成的酒，有很浓的葡萄香气，入口醇正，营养丰富，很受人喜欢。但葡萄酒的质量却也是各不一样，而且有很多的假酒。

市场上有一些所谓“干红葡萄酒”实际上就是用色素、香精、糖精、酒精加水勾兑而成的，有的甚至加入过量酸和防腐剂，这些酒没有正宗葡萄酒的口感和营养，而且摄入过量色素、香精、糖精等也会对人体健康造成危害。

取一张干净的白色餐巾纸铺在桌面上，把装有“干红葡萄酒”的酒瓶晃动几下，然后将酒少许倒在纸面上，如果倒在纸面上的酒的红颜色不能均匀地分布在纸面上，或者纸面上出现了沉淀物，那么所谓的“干红葡萄酒”就是“色素葡萄酒”。

还有一些葡萄酒是掺杂了大量的水勾兑而成的，2003年3月17日颁的新的《葡萄酒生产管理办法》中规定，凡是掺水的葡萄酒，不得叫葡萄酒。也就是说现在销售的葡萄酒，葡萄汁含量必须是100%。鉴别方法如下：

(1)从酒标来鉴别：按国家有关规定，葡萄酒必须在酒标上注明产品的名称、配料表、净含量、纯汁含量、酒精度、糖度、厂名、厂址、生产日期、保质期、产品标准代号等内容，如有标注不全的则是假冒伪劣产品。

(2)从酒液来鉴别：将酒倒入杯中，用肉眼观察是否有混浊或沉淀，如发现混浊沉淀物为胶体状，可能是果胶物质；如混浊沉淀物为带有泡沫的胶体状，可能是酒被生物污染所致；如沉淀物为沉于瓶底的无定形物，可能是因过滤不严格，杂质漏入酒瓶中所致。

(3)区分观察：葡萄酒是果酒类中最大宗的品种，属于国际性饮料酒。它的种类很多，按色泽可分类如下：

白葡萄酒：应有近似无色、浅黄带绿、浅黄、禾秆黄、金黄色等，酒液澄清透明。具有清雅、芬芳、和谐的醇美香气。具有洁净、酸甜、干爽的纯正口味。

红葡萄酒：应有宝石红色、紫红色、石榴红色等，酒液澄清透明。具有浓郁、芬芳、协调的醇和香气，浓而不烈、柔和丰满、层次丰富的完美口感，没有涩、燥、辣舌、刺喉感。

淡红葡萄酒：介于白、红葡萄酒之间，大致有淡红、桃红、橘红几种颜色，这类葡萄酒在风味上具有新鲜感和明显的果香。

另外，家庭在葡萄酒安全饮用方面还有一些需要注意的误区：

(1)葡萄酒贮藏很随便。这是不对的，葡萄酒的贮藏对温度要求十分严格，持续高温或温度经常变化都会使酒的品质变坏。在干燥的气候里，如果酒瓶竖放，酒液接触不到木塞就会导致木塞干缩，空气进到酒瓶里，导致葡萄酒被氧化。

(2)年份越老酒越好。世界上绝大多数葡萄酒都是在2～3年内喝掉的，真正有素质能陈放10年的酒很少，国内目前这样的老酒更少。

10. 其他酒品的鉴别和选购

(1)白兰地

目前世界上最有名的白兰地有以下几种:Courvoisies(柯罗维锡),Hennessy (海涅赛),T. F. mar tell(T. F. 马爹利),Camus(开麦士),Remy martin (人头马)及 X. O. mar tell(XO 马爹利)。洋酒白兰地需储藏很长的时间,时间越长,酒质越好,最佳的储藏时间是 20～40 年。白兰地在装瓶出售时,在标签上标示其酒的陈酿程度,用下列几种符号来表示橡木桶贮藏年限:

★表示 3 年陈
★★表示 4 年陈
★★★表示 5 年陈
V. O. 表示 10～12 年陈
V. S. O. 表示 12～20 年陈
V. S. O. P. 表示 20～30 年陈
Napoleon 表示 40 年陈
X. O 表示 50 年陈
X 表示 70 年陈

(2)黄酒:酒色明亮,无浮悬物,无混浊,具有黄酒特有的入口清爽、鲜甜甘美、柔和的口感,并且无刺激性,无辛辣、酸涩等异味。

(3)配制酒:清亮透明,无浮悬物和沉淀物。色调柔和,日晒后不发生褪色、变色现象。有使人愉快、舒畅的香气,闻后能识别品种,酒精含量适中,酒味柔和,无怪味,无刺激性。

(3)汽酒:一种含有大量二氧化碳的果酒。好的汽酒泡沫应该均细而嗞嗞作响,酒液散发着水果清香,喝到嘴里可以隐约品出新鲜水果的味道,清凉爽口。

第十章　副食、零食、奶制品等食品的鉴别和选购

1.月饼的鉴别

月饼也叫团圆饼,我国各地都有中秋吃月饼的习惯,且各地口味不同,甜咸酸辣均有入馅,馅心内容包括肉、禽、蛋、蔬、果、豆、海鲜等。比较传统的主要是京式、苏式、广式、潮式、宁式月饼。近年来又研制出许多新品种,如以吉士粉为主要原料的日式月饼,不需烤制而要冷冻的冰皮月饼,以水产品为原料制海味月饼,还有纳凉月饼、椰奶月饼、茶叶月饼、保健月饼……消费者购买时一定要仔细查看标签上的配料等相关介绍,从而判断其是否具有该产品应有的品质特征。

购买月饼时一定要仔细查看,其生产标识是否规范齐全,有无生产日期和保质期。一般月饼的保质期大约是30天左右。月饼要外形完整、丰满,无黑包,无焦斑,不破裂;上表面略鼓起,边角分明;底部平整,不凹底,不收缩,不露馅。倘若月饼周围是凹陷进去的,又呈白色,说明月饼未焙烤熟透。饼皮薄厚均匀,皮与馅的比例适当,馅料饱满,软硬适中,不偏皮,不空膛。蓉馅类,馅心软滑;果仁类,馅心果仁清晰可见,分布均匀,无杂质。

2.膨化食品的鉴别

膨化食品虽然口味鲜美,但从成分结构看,脂肪、碳水化合物、蛋白质是膨化食品的主要成分,因此属于高油脂,高热量、低粗纤维的食品。长期大量食用膨化食品会造成油脂、热量摄入过量,粗纤维摄入不足;若再加上运动不足,会造成人体脂肪积累,出现肥胖。儿童大量食用膨化食品,易出现营养不良;而且膨化食品普遍高盐、高味精,儿童成年后易患高血压等疾病。

(1)看标识:要选择品名、配料表、净含量、厂名、厂址、产品标准等标注齐全的产品,特别要注意查看产品的生产日期和保质期,尽量购买近期产品。

(2)**查配料**:购买时要注意仔细看配料表,了解产品的主要成分和食品添加添加剂的使用情况。

(3)**看是否漏气**:为了防止膨化食品被挤压、破碎,防止产品油脂氧化、酸酸酸败,包装袋内一般要充入氮气。若发现包装漏气,则不宜选购。

3.“毒瓜子”的鉴别

瓜子处理中加入明矾、工业盐、滑石粉、工业石蜡、矿物油等,这样的瓜子不易受潮变软,外观油亮,就是“毒瓜子”。

辨别方法有以下几点:

(1)**看表面**:工业盐加工的瓜子表面有大量的盐结晶(俗称盐霜)且瓜子存放

(2)**用手抓**:工业石蜡抛光的瓜子,滑溜,有抓不住的感觉;

(3)**顺坡滑**:买散装瓜子时,把瓜子放在托盘内,将托盘倾斜大约45度角时,如果瓜子从托盘顶端滑落,表明这些瓜子可能被工业石蜡抛光过。

(4)**用水泡**:一把瓜子放水中,如果有油花漂上来,说明是矿物油加工的。

4.“毒栗子”的鉴别

炒栗子之前要用糖稀浸泡生栗子,糖稀的分量、质量与浸泡时间的长短直接影响糖炒栗子的质量和成色。不法商贩用价格相对较低的工业糖精代替糖稀浸泡栗子,既能增加分量,口感又甜。还有些小商贩在炒制栗子的过程中加入桐油,这样炒制的栗子看上去特别光亮新鲜。

工业糖精对健康有危害。桐油是工业用油,它损害人体的肝、肾和肠道等器官,严重的会引起休克,甚至导致死亡。鉴别方法是:

(1)用糖精泡过的栗子湿软,剥开几个看看即能识别。

(2)购买炒货时颜色过于鲜亮的,手感特别滑溜的慎选。

(3)最好到正规的销售点去购买。

5.食糖的鉴别和选购

糖是人们日常生活中的重要食品,是人类重要的热能来源,在维持人体健康方面起着重要的物理和生理作用。食糖也是食品工业的主要原辅料。我国的食糖根据糖原料的不同,可分为甘蔗糖、甜菜;根据制造设备的不同可分为机制糖和土制糖,机制糖的品种有白砂糖、绵白糖、红砂糖等。

白砂糖是颗粒状结晶糖,有四个级别:精制、优级、一级、二级。绵白糖简称绵糖或白糖,质地绵软、细腻,是国内消费者比较喜欢的一种食用糖,有三个级别:精制、优级、一级。红砂糖中几乎保留了蔗汁中的全部成分,保留了甘蔗糖汁的原汁、原味,特别是甘蔗的清香味。红砂糖有两个级别:一级、二级。鉴别方法有:

(1)看

白砂糖:外观干燥、松散、洁白、有光泽,平摊在白纸上不应看到明显的黑点。按颗粒有粗粒、大粒、中粒、细粒之分,颗粒均匀,晶粒有闪光,轮廓分明。

绵白糖:晶粒细小,均匀,颜色洁白,较白砂糖易溶于水,适用于一般饮品、点心及其他糖制食品。

红砂糖:呈晶粒状或粉末状,干燥而松散,不结块,不成团,无杂质,其水溶液清晰,无沉淀,无悬浮物,颜色有红褐、青褐、黄褐、赤红、金黄、淡黄、枣红色多种。

(2)闻

白砂糖、绵白糖用鼻子闻有一种清甜之香味,无任何怪异气味;红糖则保留了甘蔗糖汁的原汁、原味,特别是甘蔗的特殊清香味。定型包装产品在打开包装后要闻一下,如有刺鼻的异味则可能为二氧化硫残留量较高的产品。消费者也可通过闻味的方法来判别产品是否新鲜可食,如产品有酸味,说明产品已经腐败变质,不能食用。

(3)摸

所有的食糖用干燥的手去摸,感觉松散且没有糖粒粘在手上,说明含水分低,不易变质,易于保存。

(4)尝

白砂糖:溶于水中无沉淀和絮凝物、悬浮物出现,品尝其水溶液滋味清甜,无任何异味。

绵白糖:单位面积舌部的味蕾上糖分浓度高,味觉感到的甜度比白砂糖大。

红砂糖:香、鲜,微有糖蜜味。

6.糖果的鉴别方法

糖果是以白砂糖绵白糖、淀粉、糖浆、可可粉、可可脂、奶制品、凝胶剂等为主要原料,添加各种辅料,按一定工艺加工制成的甜食。选购和鉴别糖果要注意以下方面:

(1)选择购买地点:消费者应到正规销售渠道选择那些有一定规模、产品质量和服务质量较好的企业的产品,尽量选购近期生产的、包装完整的产品。

(2)注意产品价格:不要选择价格过于便宜的糖果,价格特别便宜的糖果有可能在原料中添加了滑石粉。

(3)大体气味:可以闻一闻所选的糖果,变质的糖果一般都有霉味或焦味等难闻的气味。

(4)看整体外观:纸应紧密,无破损,糖体无潮解,不粘纸。外形边缘整齐,无缺角裂缝,表面平光,花纹清晰,大小厚薄均匀,无明显变形,且无肉眼可见的杂质。

味道正常、均匀、鲜明,香气纯净、纯正,口味浓淡适中,没有其他异味。

(5)观察糖果组织:根据糖果组织结构不同可分为硬糖、半硬糖、软糖、夹心糖和巧克力糖等5种。不同种类的糖果其组织是不同的:

硬糖:表面应光亮透明,可能会有少量很小的气泡,但如果气泡多而且比较大,质量就不是很好。酥脆型糖果则应是色泽洁白或有该品种应有的,色泽,酥脆,不粘牙,剖面有均匀气孔。

半硬糖:表面应光滑细腻,口感细腻润滑,咀嚼时不会感觉太硬或太软,有弹性,不粘牙。含果仁的糖果中,果仁应分布均匀,剖面有微孔,口感较疏松。购买者应特别注意糖果中所含的果仁有没有酸败虫蛀、发霉的现象。

软糖:柔软适中,无硬皮,表面不粗糙,无皱褶,无气泡,平滑细腻,富有弹性,不粘牙。有的软糖外表布有细砂糖,应注意观察其砂糖的分布,应细密而均匀。由于其具有一定的弹性,因此那种入口即化,或特别粘牙的软糖的质量就不大好。

夹心糖:外皮薄厚均匀,夹心层次分明,馅心或细腻或酥脆,丝光纹路整齐,无破皮露馅现象,无杂质,不粘牙。

巧克力糖:表面光滑细腻,有光泽,剖面紧密,无明显气孔,口感细腻润滑,不糊口,无粗糙感。选购者应特别注意观察其表面的颜色,那种有发白现象的,很可能是因受潮而产生的霉点,所以不能选购。

糖果不能吃多了。糖果多吃不但不利健康,反而对身体有害。健康成人每人每天可吃3块糖果,老年人和儿童应该少吃一些,一天吃一块糖果就可以。

7. 巧克力的鉴别

巧克力又称朱古力,它是以可可脂、可可粉、白砂糖、乳制品、食品添加剂为原料制造而成的,是具有可可香味和奶香味的糖食。巧克力具有棕黄浅褐,光洁明亮的外观,致密脆硬的胶体组织结构,口感润滑,微甜,营养价值高,含有蛋白质、脂肪和糖类,以及比较丰富的铁、钙、磷等矿物质,是热量比较高的食品,适合作为营养和热能补充食品。巧克力按配料的不同分香草巧克力、奶油巧克力、特色巧克力三类。

要鉴别巧克力品质,可以从以下方面来进行:

(1)**看包装**:优质产品包装精密,无反包,无重包,无糖屑粘连现象。

(2)**看标签**:标签端正,内容完全,品名、净含量、厂名和厂址、标准代号、配料表、生产日期期、保质期、储存方法等。

(3)看色泽:优质巧克力均匀一致,有光泽,无发白、发花,符合该产品应有的光泽。

(4)看形态:优质巧克力块形完整,大小一致,表面光滑,边缘整齐,厚薄均匀,花纹清晰,无缺角裂纹,无明显变形,无肉眼可见外来杂质。

(5)看组织:优质巧克力剖面紧密,结晶细密,口感细腻、润滑、不糊口,无1毫米以上气孔,无粗糙感。

8. 牛奶的鉴别

牛奶富含蛋白质、脂肪、氨基酸、糖类、钙、磷、铁等各种常量、微量维生素、酶和抗体等,是一种仅次于人类母乳的营养成分最全、营养价值最高的液体食品。

市里出售的带包装的牛奶已经不是鲜牛奶,因为刚挤出来的纯鲜牛奶是不能直接喝的,需要经过一定程度的加热灭菌。根据加热时间的不同,可分为两类:

1. 巴氏奶

是将牛奶置于800℃的温度下,经过15秒杀菌制成的,产品包装上标注有“巴氏灭菌”字样。巴氏奶最大限度地保留了鲜奶中的营养成分和特有风味,同时杀死了奶中的致病菌和腐败菌,保证了产品的安全性。因为没有彻底灭菌,所以巴氏奶应在4℃~7℃的温度下保存,一般保质期在7天以内。

2. 常温奶

也叫超高温灭菌奶,是将牛奶迅速加热到135℃~140℃,在3~4秒的时间内瞬间杀菌,达到无菌指标的奶,产品包装上标注有“超高温灭菌”字样。在加工过程中,牛奶中对人体有益的菌种也会遭到一定程度的破坏,维生素C、维生素E和胡萝卜素等都有一定的损失,B族维生素损失20%~30%,常温奶的营养价值较巴氏奶稍低。它是保鲜时间最长的牛奶,根据包装材料的不同,可在常温情况下保存30天到8个月。鉴别方法如下:

看保存条件：如果不按规定的低温等条件保存，即使在保质期内也有可能变质。

看包装：看包装是否整洁，有无涨袋、破损等现象。

看标签：细检查标签，看是否有生产厂家，弄清其确切的奶含量以及是否过期。

有人认为，“超高温灭菌奶”更安全，其实牛奶的营养成分在高温下会遭到破坏，其中的乳糖在高温下甚至会焦化，所以超高温灭菌奶并非是最好的选择。巴氏消毒法不会破坏牛奶的营养成分，且灭菌率可达97.3%～99.9%，只要将牛奶富于4℃～7℃的温度之下，所残存的少量细菌就会被有效抑制，不会影响人体健康，但儿童喝巴氏奶一定要经煮沸后再饮用。

9. 奶粉的鉴别

(1)外在识别

看奶粉包装物：产品包装物印刷的图案、文字应清晰，产品文字说明和生产企业的信息标注齐全；无论是罐装奶粉还是袋装奶粉，其包装，上都会有配方、执行标准、适用对象、食用方法等必要的文字说明。

查奶粉的制造日期和保质期：一般罐装奶粉的制造日期和保质期分别标示在罐钵或罐底上，袋装奶粉则分别标示在袋的侧面或封口处，消费者据此可以判断该产品是否在安全食用期内。

挤压奶粉的包装，看是否漏气：由于包装材料的差别，罐装奶粉密封性能较好，能有效遏制各种细菌生长，而袋装奶粉阻气性能较差。在选购袋装奶粉时，双手挤压一下，如果漏气、漏粉或袋内根本没气，说明该袋奶粉有质量问题，不要购买。

检查奶粉中是否有块状物：罐装奶粉一般可通过盖上的透明胶片观察罐内奶粉，摇动罐体观察，奶粉中若有结块，则证明有质量问题。袋装奶粉的鉴别方法是用手指捏，如手感松软平滑且有流动感，则为合格产品，如手感凹凸不平，并有不规则块状物，则该产品为变质产品。

(2)内容物鉴别

试手感:用手指捏住奶粉包装袋来回捻动,真奶粉质地细腻,会令发一出"吱吱"声;而假奶粉由于掺有绵白糖、葡萄糖等成分,颗粒较粗,会发出"沙沙"的流动声。

辨颜色:真奶粉呈天然乳黄色;假奶颜色特别白,或呈漂白色,有其他不自然的颜色,细看有结晶和光泽。

闻气味:打开包装,真奶粉有牛奶特有的乳香味;假奶粉乳香甚微,甚至没有乳香味。

尝味道:把少许奶粉放进嘴里品尝,真奶粉细腻发黏,易粘住牙齿、舌头和上颚部,溶解较快,且无糖的甜味(加糖奶粉除外);假奶粉放入口中很快溶解,不粘牙,甜味浓。

看溶解速度:把奶粉放入杯中,用冷开水冲,真奶粉需经搅拌才能溶解成乳白色混浊液;假奶粉不经搅拌即能自动溶解或发生沉淀。用热开水冲时,真奶粉形成悬漂物上浮,搅拌之初会粘住调羹;掺假奶粉溶解迅速,没有天然乳汁的香味和颜色。其实,所谓"速溶"奶粉,都是掺有辅助剂的,真正速溶纯奶粉是没有的。

10. 婴儿米粉的鉴别

婴儿米粉是为稍大点的婴儿添加的营养食品,其要求和婴儿奶粉一样,也是非常高的,所以一定要仔细鉴别。

(1)尽量选择规模大、产品和服务质量好的品牌企业的产品。这些企业的产品配方设计比较科学、合理,对原材料的控制比较严,质量有保证。

(2)看包装上的标签标识是否齐全。国家标准规定,外包装必须标明厂名、厂址、生产日期、保质期、执行标准、商标、净含量、配料表、营养成分表及食用方法等。缺少上述任何一项的产品,最好不要购买。

(3)看营养成分表中的标注是否齐全,含量是否合理。营养成分表中一般要标明热量、蛋白质、脂肪、碳水化合物等基本营养成分,维生素类如维生素 A、维生素 D、部分 B 族维生素,微量元素如钙、铁、锌、磷。其他被添加的营养物质也要标明。婴儿断奶期补充食品国家标准规定,维生素 A 和 D 的含量分别在 1000～1500 国际单位和 200～400 国际单位之间。

如果作为主要营养指标的维生素A、D少于国家标准,可能导致婴儿营养不良。

(4)看产品包装说明。断奶期配方米粉还应注明“断奶期配方食品”或“断奶期补充食品”等。这些声明是企业必须向消费者明示的。

(5)看产品的色泽和气味。质量好的米粉应是大米的白色,均匀一致,有米粉的香味,无其他气味,如香精味等。

(6)看产品的组织形态和冲调性。应为粉状或片状,干燥松散,均匀无结块。以适量的温开水冲泡或煮熟后,经充分搅拌呈润滑的糊状。

(7)看成分含量表。可知是断奶期辅助类米粉,还是断奶期补充类米粉前者在提供一定热量的同时,还加入了脂肪、蛋白质、矿物质、维生素。

11.蜂蜜的鉴别

(1)选购瓶装蜜:消费者最好到正规的商店购买经过检验合格的瓶装蜂蜜,不要随意到小摊上购买,以免买到掺假蜂蜜。一定要选购名牌瓶装蜜。购买时要注意标签上有无厂名、厂址、卫生许可证号、生产日期、保质期、产品质量代号等相关内容。

(2)从颜色看质地:由于蜜源不同,蜂蜜的颜色也不尽相同。一般来说,深色蜂蜜所含的矿物质比浅色蜂蜜丰富。如果想补充微量元素,可以适当选择深色蜂蜜,如枣花蜜。质量好的蜂蜜,质地细腻,颜色光亮;质量差的蜂蜜通常混浊,且光泽度差。

(3)视个人口味购买:由于蜜源品种不同,蜂蜜的口味也不尽相同。一般来说,颜色越浅淡,味道越清香。“口轻”的人可选购槐花蜜、芝麻蜜、棉花蜜;“口重”者可选购枣花蜜、椴树蜜、紫穗槐蜜。

(4)看黏稠度:纯蜂蜜较浓稠,用一根筷子插入其中提出后可见到蜜丝拉得长,断丝时回缩呈珠状;如蜂蜜含水量高,断丝时无缩珠状或无拉丝出现。此外,也可把盛在玻璃瓶里的蜂蜜摇晃几下,然后倒转瓶子,看蜂蜜在瓶壁上是否有“挂壁”现象,且“挂壁”时间越长,说明蜂蜜的黏稠度越大,证明蜂蜜质量越好。

(5)手摸:如为玻璃瓶瓶装蜜,直接观看,就可发现杂质存在的情况,应挑选清净无杂质的蜂蜜。蜂蜜中如有杂质存在,会对蜂蜜的品质起到一定的影响。

购买时还要注意别买到掺假蜂蜜,掺假蜂蜜不仅没有营养,还会损害我们的身体。

(1)看:纯正的蜂蜜是浓厚、黏稠的胶状液体,呈乳白色,光亮润泽,其结晶体的透明度差,结晶层次较松软,用手捻无沙粒感;而加了白糖的蜂蜜用手捻则有沙粒感。

(2)尝:纯正的蜂蜜结晶入口会很快溶化,有较浓的花香味;掺假的蜂蜜结晶入口不易溶化,口感甜度差,气味不纯且有异味。

(3)搅拌:用洁净的筷子在蜂蜜中用劲搅几圈,提起筷子在光亮处可观察到纯正的蜂蜜光亮透明,而掺假的蜂蜜混浊不清。

(4)渗透:纯正的蜂蜜滴在白纸上不易渗出,而掺水的蜂蜜则会逐渐渗开。

第二篇

科学加工，保障厨房烹调安全

家庭饮食中的食物中毒时有发生，家庭成员因饮食不当而致的痢疾、胃肠炎，甚至更严重疾病的不断增多，这些提示我们：家庭厨房的安全不容忽视，还有很多问题值得我们关注。只有把好厨房加工关，消除烹调环节的不安全因素，才能把好家庭食品安全的第二道关口，使家人的健康更有保障。

第十一章 家庭厨房烹调加工原则

1. 家庭食品安全与厨房安全

食品安全是指在食物种植、养殖、加工、包装、贮藏、运输、销售、消费等活动中，符合国家强制标准和要求，不存在可能损害或威胁人体健康的有毒有害物质使消费者病亡或者危及消费者及其后代的隐患。现代社会分工的细化已经把这些环节分散到各个行业和部门去了，所以家庭食品安全最主要的是消费环节的安全，也就是家庭食品的购进、制作、食用和贮存的安全。

厨房作为家庭饮食安全的重要场所和环节，是家庭食品安全的关键所在。有许多不安全的因素和隐患都在厨房中，所以，厨房安全，每一个家庭都不可小视，而应高度重视。

每个家庭厨师在厨房中都有自己的习惯，为避免各类食物中毒的发生和饮食不安全因素的存在，让我们的家人免受由此带来的伤害，厨房制作烹调食物要注意：

(1)食物多样化

食物多样化可以保障食品安全，降低不安全风险危害。因为不合格的食品毕竟是少数，大部分是合格的。食物多样化把可能存在的微生物风险、化学风险大大化解。多样化的食品种类，自然会减少单种食物的摄入量，在安全剂量下，身体的安全防线就不会被突破。总之，什么都吃、什么都不要多吃，不但可以做到营养均衡，也能有效避免“危险”食品带来的侵害。所以，每天做不同的饭菜、变换不同的花样是维护家庭饮食安全营养的有效方法。

(2)到正规市场购买食品

选择有品牌、有信誉、取得相关认证的食品企业的产品。购买时查看食品的包装、标签和认证标志，看有无注册和条形码，查看生产日期的保质期。对怀疑有问题的食品，宁可不吃也不买。

(3)慎重选购食品

不买腐败霉烂变质或过保质期的食品，慎重购买接近保质期的食品；不买比正常价格过于便宜的食品，以防上当受害；不买不吃有毒有害的食品,如河豚、毒蘑菇、果子狸等;不买来历不明的死物;不买畸形的和与正常食品有明显色彩差异的鱼、蛋、瓜、果、禽、畜等;不买来源可疑的反季节的瓜果蔬菜等。

(4)适量食用国家卫生部门提醒的10种食物

适量食用国家卫生部门提醒的10种食物:松花蛋、臭豆腐、味精、方便面、葵花子、菠菜、猪肝、烤牛羊肉、腌菜、油条。

(5)掌握必要的食品安全常识

只有不断学习了解食品安全卫生知识,以及国家通报的各种食品安全信息,才有可能保证在丰富多彩、鱼龙混杂的众多食品面前,做出理智的选择,趋利避害,既能吃到健康美味的食物,又不至于让食品对自己造成危害。

2.保证家庭厨房食品安全的五字诀

为了保证家人的健康,一定要注意食品安全。为了做到这一点,家庭营养师提出了食品安全健康自助法,即在为家人准备食物时要做到"净、透、分、消、密"这5字诀。

(1)净:从市场买回的蔬菜,先要浸泡一段时间(一般为20~30分钟),然后冲洗干净,这样就可以去除蔬菜中一部分残留的农药。其中,果菜和根菜浸泡和冲洗的时间可以少一些,叶菜浸泡和冲洗的时间应当长一些。需要削皮的蔬菜一定要将皮削去。另外,为了减少维生素的流失,蔬菜应当先洗后切。

(2)透:食物的加热一定要到火候,也就是一定要把食物做熟,不能盲目追求鲜、嫩。只要食物做熟了,食物中的病原菌和寄生虫与卵等就会死去。尽量不吃生海鲜,不吃涮得不透的肉以及未洗干净的生菜等,避免将附着在上面的病原菌和寄生虫与卵等吃进体内。

(3)分:做菜时一定要生熟分开。切熟食时要用专用的、清洁的刀和砧板。冰箱不是保险箱,熟食不能存放过久。病人的餐具应严格消毒,病人和健康人的餐具应当分开放置。家中的有毒物品如杀虫剂、灭鼠药等,标志一定要明显,并且不能与食品混放在一起。

(4)消:消就是消毒。开水煮沸是最简单、最经济的消毒方法。餐具经过清洗可以去除大部分微生物,如果煮沸几分钟则效果会更好。

(5)密:密就是封闭存放。由于室内温度高,即使冬天的室温一般也都在摄氏十几度以上,由于细菌大量繁殖,暴露在外的剩饭、剩菜很容易腐败变质。因此,剩饭、剩菜一定要及时放到冰箱或冷凉的地方,并且不宜存放过久。

3. 厨房餐具、厨具每天消毒

包括砧板、碗、筷、碟、杯等餐具都需要消毒。最好的消毒方式是蒸煮消毒和消毒液消毒。婴幼儿的餐具应每餐进行消毒。厨房中的抹布,应在每次用过后清洗干净并消毒、晒干,以防微生物的孳生。清洗蔬菜的水池不能用来洗餐具;如只有一个水池,则应用清洁的盆来洗餐具。因为蔬菜表面可能会带有虫卵和寄生虫,清洗后会存在于水池中,再用来清洗餐具,会造成交叉污染。

4. 保持厨房干燥通风

水是微生物的第一营养条件,没水的地方微生物就无法生活。因此,如果餐具周围无水、不潮湿,处于干燥、透气状态,则微生物不能在其表面繁殖。砧板和碗柜应侧立着存放,有利于水分的沥干和干燥。砧板使用和冰箱存放食物都应本着生熟分开的原则,以免生物性有害因素交叉污染。

5. 科学烹调,营养搭配

应当用正确的烹调方式将食物加热彻底,不可不顾科学事实,片面追求食用生猛海鲜及珍奇野生动物。1997 年 12 月底至 1998 年 1 月初,上海市民中因食用毛蚶引起甲型肝炎爆发流行,中毒人次达1.8万,原因就是人们食用未熟透的贝类造成的。而且,每年因四季豆加热不充分造成的食物中毒都有发生。可见,科学烹调十分必要。同时还要注意各种食物的均衡搭配和合理膳食。

家庭饮食要“看人下菜碟”,制作数量尽量合适,不要做得过多,如有可能最好不剩饭菜。如有剩饭菜,也要本着不让儿童吃剩饭菜的原则。

包括操作台、水池、地面、墙壁、餐具、厨具都应做到清洁卫生;同时要防止苍蝇、蟑螂、老鼠等的侵入;防止油烟污染环境;及时处理垃圾等。

6.“家庭厨师”要有安全防范的意识

家庭厨房关系到全家的营养安全和身体健康,所以作为家庭中经常下厨房的“煮妇”或是“煮夫”而言,有安全防范的意识是非常重要的。

(1)要养成良好的个人卫生习惯。在餐食制作过程中应养成经常洗手、不用围裙擦手等良好习惯。

(2)不断学习饮食安全知识。“家庭厨师”应不断增加食品安全科学知识、树立安全重于食品色、香、味意识。餐具、厨具的安全问题家庭的餐具、厨具品种繁多,但大体上包括砧板、刀具、刀架、碗碟、餐刀、餐叉、筷、勺、洗碗布、各类锅、餐桌、洗碗机、清洗池、橱柜、排烟设备、炉灶、消毒柜等。一些家庭不明原因的腹泻,应考虑餐具清洗是否彻底。餐具的清洗应本着尽量少加洗涤剂、洗涤液。清洗后的餐具用流动水冲至少三遍的原则,以去除洗涤液在餐具上的残留。建议用自来水冲洗时不要再用清洗布擦拭,以免与清洗布里的洗涤剂交叉残留。家庭用的清洗布应与餐具同样清洗。

(3)把握厨房安全的关键环节。生、熟,荤、素分开;家庭的砧板、刀具应按不同用途进行分类;生的荤食原料用专用的砧板和刀具;生的素食原料也应有专用的砧板和刀具;熟的可直接食用的食品原料同样需要专用的砧板和刀具,以避免生熟之间的交叉污染。因为动物性原料中含有动物本身的共生菌、污染菌、病毒,有的甚至还会有寄生虫。如果处理这些生原料的用具和处理直接食用的食物的用具相同,势必造成病毒、细菌、寄生虫直接被食入人体,甚至会引起人畜共患病,其中有些人畜共患病是很难治愈的。预防禽流感的措施之一就是食品制作过程中一定要生熟分开。

第十二章　警惕貌似安全的厨房用具

1. 冰箱

许多家庭都有冰箱,并习惯性地把食品放到冰箱中储藏,大多数人认为放在冰箱里的食品都可长期保藏,经久不腐,认为冰箱很干净卫生,什么东西只要放进冰箱就可以高枕无忧了,事实却并非这样。冰箱可没有我们想象中的安全和卫生。

在地球上的细菌群体中,按生长、繁殖所需的温度不同可分成三大类,一是最常见的“嗜温菌”,它可在10℃～45℃中生长,最适温度是37℃～38℃;二是“嗜热菌”,可在40℃～70℃中生长,最适温度是50℃～55℃;三是“嗜冷菌”,它可在0℃～20℃中生长,最适温度是10℃～15℃。

家庭冰箱里的冷藏温度是在“嗜冷菌”可以生长、繁殖的温度范围内的,如果放到冰箱里的食品是曾受到“嗜冷菌”污染过的,那么这些细菌仍会不断繁殖,人一旦食用了含有大量“嗜冷菌”的食品,就可能会致病。

所以,要保证厨房加工安全,一定要注意以下几点:

(1)要尽量吃新鲜的食品。

(2)冰箱中的食物不可生熟混放,以保持卫生。冰箱中生熟食品之间细菌交叉传染的几率最大,也是最易致病的地方。生肉食品应该包装好,放在冷冻室底部,避免渗出血水,污染其他食品。

(3)食品放在冰箱里冷藏的时间不能太久。(包括冬季在自然环境下)一定要注意食品的冷藏冷冻期限,有些食品腐烂是不明显的。用塑料袋储存食品会加快食品腐烂速度。

(4)冰箱中取出的熟食必须回锅。因为冰箱内的温度只能抑制微生物的繁殖,而不能彻底杀灭它们。

2. 微波炉可能致中毒

家用微波炉能加热烹饪食物,其工作过程中会对食物产生高温,食物中所含的大部分细菌微生物在加热烹饪过程中会被杀灭,这是一种热效应杀菌法，但具有一定的局限性，这点已经被英国科学家的实验和食物中毒的病例记录所证实。消费者应科学地使用微波炉，避免造成食物中毒。

(1)忌将肉类加热至半熟后再用微波炉加热

因为在半熟的食品中细菌仍会生长，第二次再用微波炉加热时，由于时间短，不可能将细菌全杀死。冰冻肉类食品须先在微波炉中解冻，然后再加热为熟食。

(2)忌再冷冻经微波炉解冻过的肉类

因为肉类在微波炉中解冻后，实际上已将外面一层低温加热了，在此温度下细菌是可以繁殖的，虽再冷冻可使其繁殖停止，却不能将活菌杀死。已用微波炉解冻的肉类，如果再放入冰箱冷冻，必须加热至全熟。

(3)忌油炸食品

因高温油会发生飞溅导致火灾。如万一不慎引起炉内起火时，切忌开门，而应先关闭电源，待火熄灭后再开门降温。

(4)忌超时加热

食品放入微波炉解冻或加热，若忘记取出，如果时间超过 2 小时，则应丢掉不要，以免引起食物中毒。

(5)忌用普通塑料容器

使用专门的微波炉器皿盛装食物放入微波炉中加热，而不要用普通的塑料容器。一是热的食物会使塑料容器变形，二是普通塑料会放出有毒物质，污染食物，危害人体健康。

(6)忌使用封闭容器

加热液体时应使用广口容器，因为在封闭容器内食物加热产生的热量不容易散发，使容器内压力过高，易引起爆炸事故。即使在煎煮带壳食物时，也要事先用针或筷子将壳刺破，以免加热后引起爆裂、飞溅弄脏炉壁，或者溅出伤人。

(7)宝宝食物忌用微波炉加热

虽然微波炉可以快速加热食物，但不推荐用它来加热婴儿奶瓶。用微波炉加热后的婴儿奶瓶摸起来可能是凉的，但是其中的液体可能已经非常烫，如果不小心直接喂食婴儿，可能会烫伤婴儿的口腔和喉咙。

如果用微波炉加热，对于挤出的母乳来说，一些保护因子可能被破坏；对于婴儿配方食品来说，这可能意味着某些维生素的损失。

3. 藏污纳垢的菜板

厨房里一年四季的温度都比较高，适合细菌滋生，菜板更是细菌的温床。如果不及时给菜板消毒而带“菌”使用，就有可能导致家人细菌性中毒，引发肠道疾病。所以，菜板的选择应遵守如下原则：

(1)选用木质的菜板。研究表明，接种在木质菜板上的沙门病菌、李斯特菌、大肠杆菌等菌类在 3 分钟内病死率达 99.9%，而在同样条件下，接种在塑料菜板上的细菌却无一死亡。研究人员将已接种了细菌的切菜板放到室温条件下过夜，第二天发现，塑料板上细菌明显增多，而木板上则没有细菌成活。以上所述表明，应该使用硬木做切菜板。

乌柏木不宜做菜板，因为它含有异味和有毒物质，用它做菜板污染菜肴，极易引起呕吐、头晕、腹痛。因此，民间制作菜板的首选木料是白果木、皂角木、桦木和柳木等。

(2)生熟分开。由于生菜上有较多的细菌和寄生虫卵，因此，菜板不可避免地要受到污染，如果再用这样的菜板切熟食，就会使熟食污染。最好备两块菜板。

(3)保持清洁。菜板用过后，用硬板刷和清水刷洗，将污物连同木屑一起洗掉。如果留有鱼、肉等腥味，可有溶有食盐的洗米水或洗涤灵洗擦，然后再用温水洗净。不要用开水烫，因为肉里的蛋白质残留在菜板上，遇热就凝固起来，不易洗净。洗过后竖起晾干。

4. 菜板的消毒杀菌方法

(1)物理杀菌法：先在清水下用硬刷子将菜板的表面和每一个缝隙洗刷干净，然后用 100℃ 的水将菜板冲几遍，这样基本上就可以杀死病菌了。

(2)生物灭菌法：大葱切成段，生姜切成片，用剖面擦菜板，最后再用热水将菜板冲洗几遍。大葱和生姜里面含有植物抗生素，不但有杀菌的作用,还有除怪味的效果。

(3)**化学灭菌法**:在菜板上洒点醋,把醋均匀涂抹开,放在阳光下晒干,然后边用清水冲边用硬刷刷,可除菌、祛异味。

(4)**撒盐杀菌法**:用刀刮一刮菜板,把上面的残渣刮干净,然后每隔六七天在菜板上撒一层盐,可以防止细菌的滋生,还可以防止菜板干裂。

(5)**阳光曝晒法**:把菜板直接拿到太阳光底下进行曝晒,不仅可以杀灭菜板上的细菌,还可以保持菜板的干燥。

(6)**侧立法**:菜板不用时应侧立着放,让菜板保持干燥,是防止细菌滋生的好方法。

5. 不得不防的橱柜卫生

橱柜最大的问题是不通风,容易滋生各种病菌,产生异味,这些都是导致腹泻等疾病的主要原因。另外,很多人家里的整体橱柜中还放有各种化学品,比如洗涤剂、下水道疏通剂、强力除油剂等,都会带来危害,特别是对儿童,这些地方绝不能放食品。

6. 危险的平底锅

油锅起火最危险,其中无盖平底锅危险最大,最好用较深的带盖炒锅。万一平底锅起火,务必记住安全灭火措施:首先关火或断电;然后用湿毛巾盖住平底锅,直到明火扑灭。切忌将着火的锅端出厨房,或在上面浇水。

7. 厨房其他容器的安全隐患

(1)**瓷器**:瓷器表面有精美的图案,这些图案中含铅、苯等致病、致癌物质,随着瓷器的老化和衰变,图案颜料内的有毒物质对食品产生污染,严重威胁人体健康。所以最好用无图案的器皿盛装食物。

(2)**塑料容器**:塑料容器在生产和制造过程中,其原材料包括很多化学物质,其中有些物质能够污染食品,对人有一定的毒性作用。醋和酒与塑料接触会把塑料中一些有害的有机物分解出来,这些物质被酸性物质释出后混合在食物里进入体内不容易被代谢,会损害肝脏,甚至引起肝癌。因此,塑料容器不宜盛放或者加热酒和酸性食品。

(3)**保鲜膜**:保鲜膜是厨房常用物品,目前市场上出售的保鲜膜分为三大类。第一类是聚乙烯,简称PE,这种材料主要用于食品的包装,超市的水果、蔬菜大多用的是这类膜;第二类叫聚氯乙烯,简称PVC,这种材料也可以用于食品包装,但它对人体的安全性有一定的影响;第三类为聚偏二氯乙烯,简称PVDC,主要用于一些熟食、火腿等食品的包装。

这三类保鲜膜中,PE和PVDC这两种材料的保鲜膜对人体是安全的,可以放心使用。而PVC保鲜膜中的增塑剂DEHA对人体危害比较大,这种物质容易析出,随着食物带入人体,造成内分泌、荷尔蒙的紊乱,甚至有致癌作用。PVC若和熟食表面的油脂接触或者放进微波炉里加热,其中的增塑剂就会同食物发生化学反应,毒素挥发出来,渗入食物之中,或残留在食物表面上,从而危害人体健康。

8. 抹布的卫生

抹布虽小,作用重大,担负着清洁卫生的重任,但同时也可能是滋生和传播病菌的载体。在不少家庭,抹布成了"万能巾",既擦碗碟又擦台面,擦完水渍擦油污,一块抹布到处擦,擦灶台、擦锅、擦洗菜盆、擦碗筷……这很容易引起污染。因此,应该多准备几块抹布,"专布"专用,并在用完后用肥皂水洗净晾干,必要时还要定期煮沸再使用。过油过污的抹布要及时更换,以免成为细菌"滋生地"。有人买菜回来把菜往饭桌上一放,择菜、吃饭都在同一桌上进行,这也是一种污染。

另外,抹布也不可乱用。人们往往认为自来水是生水,不卫生,因此在用自来水冲洗过餐具或水果之后,常常再用毛巾擦干。这样做看似细心,实则适得其反,干毛巾上常常会存活着许多病菌。目前,我国城市自来水大都经过严格的消毒处理，用自来水冲洗过的食品基本上是洁净的，可以放心使用，无须用干毛巾再擦。虽然带来了表面的光鲜，实际上是越擦越不卫生。

9. 滥用消毒碗柜的危害

有些人视消毒碗柜为“万能柜”，不论是何质地，只要是餐具就送进去消毒，这是不对的。例如，搪瓷制品是在铁制品的表面镀上一层珐琅制成的，而珐琅里含有对人有害的铅、铜化物，尤其是色彩艳丽的油彩一般还含有镉，在高温下它们会逐渐分解，附着于其他用具上，再装食物进食时就会危害人体健康。另外，某些塑料制品也会在高温下分解出有毒物质，也不宜放在消毒碗柜里消毒。

10. 厨房水池一个多用的危害

有的人家刷碗、洗菜、洗漱用一个水池，这是十分错误的，这样会发生经常性、反复性的细菌污染。家庭中的水池最好分开使用，没有条件装两个水池的，洗碗洗菜也应另备专用盆。

第十三章　清除不安全食品，保证食物干净卫生

1. 注意清除这些有毒食物

现代医学表明，畜、禽、鱼等动物的身体器官里，存有上百种能够传染疾病的细菌、病毒及一些有害物质，如果误食会对人体有害，甚至发生食物中毒。我们在家庭烹调时一定要记得去除掉，以保证食品卫生。

(1)牲畜“三腺”：猪、牛、羊等动物体上的甲状腺、肾上腺、病变淋巴腺是三种“生理性有害器官”。误食甲状腺可引起甲状腺功能亢进的症状，出现狂躁、抽搐、食欲低下、恶心、发热等症状，而误食肾上腺和病变淋巴腺也会罹患多种疾病。

(2)羊“悬筋”：又称“蹄白珠”，一般为圆珠形、串粒状，是羊蹄内发生病变的一种组织，误食影响人体健康。

(3)兔“臭腺”：位于外生殖器背面两侧皮下的白鼠鼷腺，紧挨着白鼠鼷腺的褐色鼠鼷腺和位于直肠两侧壁上的直肠腺，味极腥臭，食用时若不除去，则会使兔肉难以下咽。

(4)禽“尖翅”：就是鸡、鸭、鹅等禽类屁股上端长尾羽的部位，学名“腔上囊”，是淋巴腺体集中的地方，因淋巴腺中的巨噬细胞可吞食病菌和病毒，即使是致癌物质也能吞食，但不能分解，所以禽“尖翅”是个藏污纳垢的“仓库”，误食后容易感染疾病。

(5)鱼“黑衣”：鱼体腹腔两侧有一层黑色“膜衣”，是最腥臭、泥土味最浓的部位，含有大量的组胺、类脂质、溶菌酶等物质。误食组胺会引起恶心、呕吐、腹痛等症状；溶菌酶则对食欲有抑制作用。

(6)虾“直肠”：虾的消化系统，从头部延伸至尾部，直肠贯穿全身，而直肠内含有细菌和消化残渣污物，不宜食用。

2. 死黄鳝、死甲鱼、死蟹绝不能吃

黄鳝又名鳝鱼、长鱼等，在民间有“小暑黄鳝赛人参”之说，人们普遍爱吃黄鳝。但是有一点要注意，鳝鱼只能吃鲜的，现宰杀现烹调，切忌吃

死黄鳝。因为黄鳝死后,体内所含的组氨酸会很快转变为具有毒性的组胺,组胺是一种强烈的血管扩张剂,它可以引起一系列过敏物质的释放,浓度过高时,可以引起人体虚脱、休克等症状。吃了含有组胺的黄鳝后,肯定会引起食物中毒。

而且黄鳝的血清中含有毒素,如果人们的手指上有伤口,一旦接触到鳝鱼血,会使伤口发炎、化脓。

甲鱼又名团鱼,俗称鳖、王八。由于甲鱼肉质细嫩,滋味肥厚,营养丰富,被视为滋补佳品。但是,死甲鱼不能吃。因为甲鱼肉含有较多的组氨酸,组氨酸是具有特殊鲜味的重要成分,它分解后可以产生组氨。死后的甲鱼肉能自行分解产生组胺,人吃了死甲鱼,就会引起食物中毒。

死蟹也是一样。而且蟹死后体内的细菌会迅速繁殖,使肉腐烂,吃下后轻则出现食物中毒,重则严重脱水,全身痉挛,血压下降,甚至危及生命。所以购买时,死蟹千万不要买,不小心买到死蟹,也一定要扔掉。

3.未煮熟的活蟹也不能吃

河蟹天生喜食动物的尸体,它的胃、肠、腮寄生着大量的细菌,尤其沙门菌和副溶血性弧菌最多。如果未经彻底加热灭菌,食后会引起中毒。中毒者大多在食用十小时后发病,先是腹痛,后是腹泻,类似痢疾,还会出现恶心、呕吐、发热等现象。

所以,家庭烹制活蟹时,一定反复刷洗干净,并用旺火蒸 30 分钟左右,这样才能杀死蟹体内的细菌。还要注意,河蟹现吃现烹,剩下没吃完的,再吃时需重新加热一定时间。

4.鲜海蜇有毒

海蜇系属腔肠动物门的水母生物,口味清脆爽口,是凉拌佳肴。但是,食用未腌渍透的海蜇会引起中毒。鲜海蜇含水量高达 96%,还含有 5一羟色胺、组胺等各种毒胺、毒肽蛋白,若人食用了未脱水排毒的鲜海蜇后，易引起腹痛、呕吐等中毒症状。

只有经过食盐加明矾盐渍三次(俗称三矾)，脱水三次，才能让毒素随水排尽。三矾海蜇呈浅红或浅黄色，厚薄均匀且有韧性，用力挤也挤不出水，这种海蜇方可食用。

5. 发芽土豆会引起中毒

土豆是北方地区冬季食用的主要蔬菜，因储存不当或土豆超过休眠期，就会发芽。发芽土豆中含有一种毒素，称为龙葵素，这种物质对人体有害。人吃了含有40毫克左右的龙葵素的土豆后，就会产生口干咽燥、喉痒舌麻、恶心呕吐、腹泻肠鸣、头晕眼花等中毒症状。如果摄入龙葵素过多，可因呼吸麻痹而导致死亡。而且土豆还非常容易发芽，所以，家庭购买土豆不要一次买得太多。在食用土豆时，应注意下列原则：

(1)不能食用发芽过多、表皮变绿的土豆。如果在农村，则应该将这样的土豆埋掉，防止家禽、家畜吃后中毒死亡。

(2)对发芽少，表皮颜色没有太大改变的土豆。食用时，应先将芽和芽眼挖掉，削掉皮层，再切成块，在水中浸泡1～2小时(龙葵素能在水中溶解)，烹调时最好能适量放点醋，使龙葵素加速破坏。

(3)土豆皮。土豆皮内含不益于人体健康的配糖生物碱，进入人体后会形成积累性中毒，所以吃土豆应该削皮。由于是慢性中毒，暂时无症状或症状不明显，往往不会引起注意。

如果已经吃土豆导致龙葵素中毒，则需要立即处理。对中毒症状较轻的病人，可用手指或羽毛刺激咽喉部催吐，将胃里东西吐出，使中毒症状减轻或缓解。对中毒症状较重的病人，可用1%高锰酸钾溶液洗胃稀释和氧化毒素，减轻中毒症状。对严重中毒的病人，应立即送医院，请专业医生进行抢救。

6.小心其他有毒蔬果

(1)未熟的青西红柿有毒

西红柿的果肉细嫩、酸甜适口,既可以当做水果生吃,又可以烹制成菜肴、鲜汤,是人们喜爱的夏季果蔬之一。但是青色未熟透的西红柿却绝对不能食用,因为青西红柿和土豆芽眼或黑绿表皮的毒性相同,均含有生物碱甙(龙葵碱),其形状为针状结晶体,能够酸解。吃了未熟的青西红柿常感到不适,轻则口腔感到苦涩,重则还会出现中毒现象。青西红柿放至红透再吃,成熟以后不含龙葵碱。

(2)鲜黄花菜要小心加工

黄花菜又名金针菜,一般晒干后发泡炒食或煮汤,也有人喜欢鲜吃,但一次吃较多的新鲜黄花菜后可能出现中毒现象,其表现为嗓子发干、胃灼热、恶心、呕吐、腹痛、腹泻等,严重的可出现血便、血尿及尿闭等症状。这是因为新鲜黄花菜中含有一种秋水仙碱,这种物质无毒,但经胃肠道被人体吸收后,就变成了有毒的氧化二秋水仙碱。

所以鲜黄花菜要少吃,最好还是吃加工过的干黄花菜。

(3)菠菜加工时注意草酸

菠菜含有大量草酸,草酸在体内遇上钙和锌,就会生成草酸钙和草酸锌。儿童生长需要大量的钙和锌,缺钙影响幼儿的生长发育,易患佝偻病、手足抽搐症,缺锌会影响儿童智力发育。因此,吃菠菜一定不要过量。若在烹调前将菠菜在热水中浸泡一下,便可以除去部分草酸。

(4)未腌透的咸菜和酸菜会中毒

蔬菜都含有一定量的无毒的硝酸盐,在盐腌过程中,它会还原成有毒的亚硝酸盐。这种物质进入人体血液循环中,使正常的低铁血红蛋白氧化成高铁血红蛋白,使红细胞失去载氧的功能,从而导致全身缺氧。氧是人体不可缺少的成分,人体缺氧就会出现胸闷、气促、乏力、精神不振、嘴唇青紫等症状。另外,亚硝酸盐能与食品中的仲胺反应生成致癌的亚硝胺,食用后会对人体健康造成危害。

一般情况下,盐腌后 4 小时亚硝酸盐含量开始明显增加,4～20 天达到高峰，此后又逐渐下降。因此，要么吃4小时内的新咸菜，否则宜吃腌30天以上的。

未腌透的酸菜和鲜咸菜一样，都含有大量的亚硝酸盐，所以一定要吃腌透的酸菜。

7. 蔬、果上的农药残留要清除干净

一般而言，农药往往是喷洒在蔬果的表面上，因此可用以下方法清除：

(1)清水浸泡法

这种方法主要用于叶类蔬菜，如菠菜、生菜、小白菜等，由于其叶薄，又不方便用手清洗，所以建议直接用清水浸泡，以便减少农药残留的作用。清水浸泡的一般做法是：先用清水冲洗掉表面污物，剔除可见有污渍的部分，然后用清水盖过果菜部分5厘米左右，浸泡不少于30分钟，必要时可加入果蔬专用的清洗剂，清洗浸泡两三次。对花类蔬菜，如菜花等，可先放在清水中漂洗，然后在盐水中泡洗一下，即可清除残附的农药。此外，包叶类蔬菜如圆白菜等，冲洗浸泡前，应先去除含农药较多的最外层叶片。

(2)流水冲洗法

不同果蔬的清洗方法严格地说是不一样的。如清洗茄子、青椒和水果等，人们习惯用手在其表面轻轻清洗。这样虽然可以除去部分农药，但也把其表面的天然蜡质去掉了，如果这时再用水长时间地浸泡，就容易使残留的农药渗进蔬菜或果肉内部。所以，像茄子、苹果、葡萄、草莓等果蔬最好用流动水冲洗。

(3)碱水浸泡清洗法

污染果蔬的农药品种主要是有机磷类杀虫剂，大多数有机磷类杀虫剂在碱性环境下可迅速分解，所以用碱水浸泡的方法是去除果蔬残留农药的有效方法之一。一般做法是：在500毫升清水中加入食用碱5～10克配制成碱水，将初步冲洗后的果蔬置入碱水中，根据果蔬量多少配足碱水，浸泡5～15分钟后用清水冲洗果蔬，重复洗涤3次左右效果更好。此

种方法在食品卫生去除农药方面很有效,但对食品中的维生素有一定破坏作用。

(4)加热烹饪法

由于氨基甲酸酯类杀虫剂会随着温度升高而加快分解,所以对一些用其他方法难以处理的果蔬可通过加热法除去部分残留农药。常用于芹菜、菠菜、小白菜、圆白菜、青椒、菜花、豆角等。一般将清洗后的果蔬放置于沸水中2~5分钟后捞出,然后用清水洗一两遍。

(5)清洗去皮法

对于带皮的果蔬,如苹果、梨、猕猴桃、黄瓜、胡萝卜、冬瓜、番瓜、茄子、萝卜、西红柿等,可以去皮后,再用水漂洗一次,只食用肉质部分,既可口又安全。由于蔬菜表面农药残留量最高,瓜果类蔬菜如黄瓜、茄子等,应尽量做到去皮食用。注意,不要立即食用新采摘的未削皮的水果。

第十四章　走出烹调误区，保证食品加工安全

1. 淘米不必用热水也不用淘洗过多

有的人在煮饭前用热水淘米或反复多次淘洗,认为这样米干净,有利健康。这种认识和做法是错误的。淘米次数过多,米确实干净了,但营养成分大大损失了。这是因为营养素,尤其是维生素和无机盐多存在于米的外层,淘米的水热或次数多,这些营养成分就损失多,损失的数量可达30%～50%。有的人在淘米时还用手反复揉搓,这更不好。因为这样做,维生素等营养素成分损失得更多。淘米水变成黄色,说明有大量营养物质被混入淘米水中了。

正确的淘米方法是,用凉清水淘洗两次即可,不要用手搓。因为谷皮已去掉,再搓揉,就是搓掉营养成分了。如果是隔年陈米,可适当多淘洗一两次。

2. 煮饭最好用热水下米

有些人煮饭时,习惯于在锅内放入冷水后就下米,认为这样可使米多煮一会儿,有利于饭的熟烂。这种做法会使营养成分受到很大损失,不可取。

这是因为,米里所含的营养成分 B 族维生素,在煮饭时其损失程度与烧饭的时间成正比。也就是说,米煮得时间越长,B 族维生素损失越多,一般要损失 30%。如果在煮饭时,先把锅内水烧开,再下米煮饭,缩短了煮米的时间,就可以大大减少 B 族维生素的损失。

还有的人做干饭时,采用先煮米汤,煮至米半熟时,又将米捞出,倒掉米汤,另将捞出的米蒸熟。这种做法使 B 族维生素损失更多,不可取。

正确的做法是:先将米用清水洗净,在水中稍泡。然后将锅中水烧开或将开,将米和泡米的水一起倒入热水锅中,用旺火烧开,再用小火煮至米烂粥熟即成。

3. 煮饺子、挂面、元宵的误区

家庭常煮饺子吃，但有的人煮饺子的方法不对，往往把饺子煮破，使营养受损失。吃起来也不鲜美香醇，有的甚至煮成了片汤。煮饺子要注意以下几点：

(1)**饺子不要用冷水下锅。**煮饺子下锅时如果锅内水不是沸滚的，饺子会很快沉底，结果出现巴锅或烂碎，使饺子变成一锅糊糊或片汤。所以，煮饺子下锅时应先用旺火把水烧开，趁水沸把饺子下锅，然后用勺铲轻轻向一个方向推动几下，饺子肚里遇热胀气，就不会再沉底或粘连。但切忌乱搅，碰破饺子皮。

(2)**不要盖锅盖煮皮。**饺子下锅后是先煮皮后煮馅。饺子刚下锅就盖上锅盖，锅里的水蒸气排不出去，水蒸气的高温容易把露出水面的那一部分饺子皮煮破，一旦破皮，跑得满锅皆是，坏了一锅饺子。所以，饺子沸水下锅后，应先不要盖锅盖，而要敞开锅盖，在水温达到 100℃，保持几分钟，通过沸水的作用，不断向饺子传热，饺子随着热水的翻滚，也不断翻动，饺子皮就会很快煮熟不再破裂，而且会使饺子汤保持清而不黏。

(3)**不宜开锅煮馅。**饺子皮煮熟后，进入煮饺子馅阶段，应及时盖上锅盖，以促使锅里的气压增高，使蒸气和开水很快地将热量传导给饺子馅，便可较快地将饺子馅煮熟。此时由于饺子皮已经煮熟，所以即使锅内的温度高一些，饺子皮也不会再破。

(4)**不宜中间不加水。**有的人煮饺子一煮开锅到底，这是不对的，因为水在不断滚沸中会把饺子煮破。所以在煮饺子的过程中，要在开锅后及时适量添加冷水，以降低水温，防止滚开的水把饺子皮煮破。一般煮一锅饺子中间添加三次冷水即可，每次加水一勺使其落开为宜。

(5)**煮挂面不宜用旺火。**有的人煮挂面习惯用旺火煮，认为旺火煮挂面熟得快。这种做法不妥，容易把面条煮出干心，而且味道也不佳。这是因为，挂面(干切面)本身就很干，将其放入水中后用旺火猛煮，会使面条表面形成黏膜，水分不容易向里渗透，热量也无法向里传导；加上旺火会使水很快被烧沸，而沸腾的水会推动面条上下翻滚，互相摩擦，很容易糊化在锅里，使汤水变稠，这就更降低了开水的渗透性。这样煮出来的挂面是外面发粘，里面发干，有干硬的心，有生面味，当然不好吃。煮挂面的正确方法是：热水下面，小火慢煮，保持锅中的水小沸。这样既有利于水分慢慢向面条里面渗透，也能使热量慢慢向面条里传导。这样煮出的挂面熟得透，不粘糊，汤清利落。

(6)煮元宵用旺火煮也不合适。元宵用旺火煮时，外面煮软，里边由于导热不好，里面是硬心，不好吃。元宵里边一般是半干的硬心，外面撞滚上的面结实，热量更不易传导进去，旺火只是煮化了外层的面，里边还是硬硬的。煮元宵的正确方法是：开水下锅，慢火煮。水开以后，放元宵入锅，用勺子慢慢推动几下，以防其粘锅；待元宵浮上水面时，改用小火慢煮。这样可使水分和热量均匀不断地传导到元宵里面，把元宵煮透，里外烂熟，粘而不糊。

4. 煮鸡蛋、炖骨头汤时间长并不好

大多数人煮鸡蛋因为怕生，都煮的时间过长，往往会过火，把鸡蛋煮老了。煮得过老的鸡蛋，不但吃着发硬，不太好吃，而且会使营养价值受损。鸡蛋一旦煮过了火，蛋黄中的亚铁离子会与蛋白中的硫离子化合成硫化亚铁，而硫化亚铁是很难被人体消化吸收的。煮鸡蛋的基本要领是：将鸡蛋冷水下锅，将水烧开，再煮 5 分钟即可停火，并将鸡蛋从热水中捞出。

很多人炖骨头汤时习惯多煮一点时间，认为时间越长，汤内营养越多，越有利于补钙，味道越美。其实不然。动物骨骼中含的钙质是不易分解的，不论是多高的温度，也不会将骨骼内的钙质溶化。高温多煮，反而会破坏骨头中和骨头上肉中的蛋白质。较好的炖骨头汤的方法是：用压力锅炖至骨头酥软即可。这样炖的时间不太长，汤中的维生素等营养成分损失不多，骨髓中所含的磷等微量元素也易被人体吸收。

还有人认为，炖骨头汤时加入点醋，有利于骨头中的无机元素逸出，使人们吸收更多的营养，但研究表明，这种观点是错误的。原因是，炖骨头汤不加醋，逸出的矿物质都是以有机结合物的形态存在的，易于人体吸

收;如果炖骨头汤时加入食醋后,虽然可使无机元素的逸出物略有增加,但却使逸出部分元素在酸性环境中转变为无机离子,而无机离子是不易被人体吸收的。因此,炖骨头汤加醋的做法是不对的。

5. 鸡头、鸡屁股一定要扔掉

有的人愿意吃鸡头、鸡脑子、鸡屁股;也有的人在炖鸡时舍不得扔掉鸡头、鸡屁股,因为上边有肉,扔掉可惜;还有的认为鸡头、鸡屁股营养丰富,味道鲜美,专门拣鸡头、鸡屁股吃。无论是什么原因和出于什么目的,吃鸡头、鸡屁股都是错误的,会给人的健康带来不利。

鸡长时间从地上啄食,有毒物质随时可进入鸡体内,经过体内化合反应,产生剧毒素,其中大部分毒素排出体外,但仍有部分毒素在鸡体内随血液循环并滞留在脑组织细胞内,一些长龄老鸡的脑中毒素更多。人若食用鸡头,这些毒素就会侵入人体内,对人的健康有害。因此鸡头不宜吃。

鸡屁股又叫鸡臀,肛门上方鸡尾处向外向上突起的一块肉质疙瘩,肉很肥,人们俗称鸡屁股。鸡屁股上有个"腔上裹",里面充满了数以万计的淋巴细胞和吞噬力很强的巨噬细胞,这种细胞能吞噬进入鸡体内的各种有毒物质,如细菌、病毒以及致癌物质等。人如果食用鸡屁股,等于摄入大量细菌、病毒,对人体健康会造成不利影响。故在吃鸡时,应切下鸡屁股扔掉,以保证进食的安全卫生。

6. 鲜肉不要反复冷冻

有的人将买来的大块鲜肉放到冰箱里冻起来,什么时候吃,拿出来化开。切下一小块,把剩下的肉再放入冰箱冻起来,这样反复几次冻化,才把这一大块肉吃完。以为这样做,肉会新鲜。其实鲜肉反复冷冻会产生致癌物质,危害极大。

这是因为,超过冰点以下的低温,可迅速将鲜肉中的细胞膜和原生质中的水分冻结成固体冰晶，使肉质不变，营养成分不失，起到保鲜作用。但冻后一经升温化解，细胞膜等不能保存水分，细胞腔和晶格组织变软，鲜肉水分大量外溢失散，若再次冷冻则很少有水参与，只有细胞中原生质起到固体支撑，若再次化解冷冻，则只有肉质中的纤维质和脂肪起冰冻作用，肉中许多营养素丧失，发生质变，甚至产生致癌物质，人吃了对健康十分不利。因此，鲜肉不宜反复冷冻。同样，鱼、鸡、鸭也不宜反复冷冻。

还要注意，一经解冻的食品，要尽快加工食用，如果存放时间过长，会因细菌和酶的活动恢复而引起变质，产生有毒的组胺物质，人吃了也会中毒。

7. 炒菜油温不要太高

很多人在炒菜时，喜欢把油烧得滚热，甚至冒出缕缕油烟或冒出火苗，再把菜放入油锅内，认为这样炒出来的菜才有香味。其实这种做法不对，不符合养生保健的要求，对人体的健康不利。

从营养学角度看，食用油，无论是动物油还是植物油，都由甘油和脂肪酸组成。动物油的燃点一般为45℃～50℃，植物油则低于37%。如果炒菜时油温太高，油脂氧化就会加速，油中所含的脂肪酸和脂溶性维生素均遭到不同程度的破坏。油锅一旦冒烟或者出火苗，表明油温已超过200℃，在这种温度下，油中的脂溶性维生素已被破坏殆尽，人体必需的各种脂肪酸也被大量氧化。同时，下锅的菜在与高温接触的瞬间，其中的各种维生素，尤其是维生素C也会遭到破坏。

此外，油温过高可使油脂氧化成过氧化脂质。过氧化脂质除直接妨碍机体对油脂的吸收外，还会破坏食物中的维生素，降低人体吸收维生素的量。这样，油和菜的营养价值都明显下降。

油温超过200℃，甘油会迅速热解失水生成“丙烯醛”。丙烯醛是油烟的主要成分，是一种具有强烈辛辣味的气体，对人的鼻、眼、咽喉黏膜有较强的刺激性作用，可引起人体不适。有学者在实验中发现，将油加热至180℃以上所产生的气体或烟雾，能致肺癌。

所以，炒菜时锅内油的温度最好控制在180℃内，以降低室内的污染程度。这样炒出的菜营养受损少，人吃了对健康有利。

8. 烧菜时放酱油、盐不要过早

炒菜时不宜过早放盐，因为放入盐后菜的外渗透压增高，菜内的水分会很快渗出，不但会使菜熟得慢，而且出汤多，炒出的菜无鲜嫩味。在菜炒至将熟时放入盐为最佳时间，既不会使菜过咸，又能保持菜的鲜嫩感。用花生油炒菜时，可在油中先放少量盐，以除去花生油中的黄霉菌；用动物油炒菜时先放一些盐，可减少油中的有机氯的残余量，对人的健康有利。但是，无论花生油还是动物油先加的盐只是少量，整个炒菜的用盐还是要待快熟时再加入。

炒菜放酱油过早也不利，优质酱油营养丰富，含有人体所需的 8 种必需氨基酸，还含有糖、维生素及锌、钙、铁、锰等矿物质。如果炒菜时过早地将酱油放入锅里，酱油经高温久煮就会破坏其中的氨基酸成分，也会失去鲜味；如果高温加焦化，菜会有苦味。炒菜放酱油应在菜接近炒好、将出锅之前，既可起到调味、调色作用，又能保持酱油的营养价值及鲜美滋味。

9. 用味精的误区

味精是调味品，营养也很丰富，就味精本身来说只有使用适当才对人体有益无害。几乎所有人在制作菜肴时都会撒上点味精，但并不是所有的人使用味精的方法都正确，都符合科学道理。味精使用不当，不但不能调味，还会有损人体健康，所以使用味精要防止进入误区。

(1)用味精过量。味精具有强烈的鲜味，但不可大量在菜肴中加入味精。味精最大用量为每 1000 克食品为 1 克左右，最好在 1 克以下，如果味精放多了，会使菜肴产生一种似盐非咸的怪味，失去调味的作用。炒菜放味精过多，会抑制食物本身的鲜味。另外，过多地食用味精，反而会引起人体发生一些疾病，如头、胸、背、肩疼痛。世界卫生组织规定的摄入量为,成人每人每日120毫克/千克体重,即50千克体重的人每日可食入味精6克。

(2)**放味精后高温加热。**味精易溶于水,若在100℃以下时则不妨,如果超过100℃时,长时间加热,味精所含的谷氨酸钠大部分变为焦谷氨酸钠,就会生成一种不仅无鲜味、而且还有毒的成分,对人体健康不利。所以,在制作菜肴的过程中,不要过早地放入味精,待汤、菜烧熟做好,即将出锅时放入味精为好。这时,一般水温在70℃~90℃,味精溶解度最高,也不会发焦。

(3)**放味精温度过低。**比如家庭吃凉拌菜时加味精效果就不好,因为味精在凉菜中不溶解,不能显现出鲜味。拌凉菜加味精,要先用少许热水将味精化开晾凉后再放入凉拌菜中就可以发挥其鲜味和营养作用。

(4)**在酸碱性食物中放味精。**因为味精中的谷氨酸钠,遇到碱会发生化学变化,使味精中的谷氨酸钠变成谷氨酸二钠。味精遇到酸则不易溶解,其效果也会受损。例如在制作有糖醋汁或番茄汁的菜肴时,就不要放入味精,放了也不会起到任何作用。

(5)**每菜必放味精。**如果在家庭日常生活中每菜都加入味精,有的菜就显不出原有食物的鲜味。时间长了,就会产生对味精的依赖性,不爱吃没有放味精的菜,从而使食欲减退,降低对各种营养物质的吸收能力。日常有些汤、菜是不需要放味精的,比如用高汤烹制的菜。高汤本来就具有鲜、香、清的特点,而味精只具有鲜味,而且味精的鲜味又与高汤的鲜味不同,如果再加味精,反而会把高汤的鲜味掩盖,使菜的味道不伦不类,还是不放味精好。又如用鸡蛋或海鲜炖的菜也不必加味精。海鲜的鲜味很浓,而且别有风味,再加味精被会破坏海鲜本味。鸡蛋本身含有大量谷氨酸,有纯正的鲜味和营养价值,如果炒鸡蛋再放入味精,不仅不会增加鲜味,还会破坏鸡蛋的自然鲜味,同时也会使鸡蛋本身的谷氨酸钠被排斥。所以,炒鸡蛋就不要再放味精了。

10. 煮粥、炒菜不要放碱

很多人习惯煮粥时放入一点碱,因为用碱煮粥可以缩短烧煮时间,而且还会使粥又黏又烂，十分可口。但是，煮粥用碱会破坏营养成分。

人体需要很多种维生素，维生素在人体内不能合成或合成的数量不能满足人体的需要，必须从食物中获得。煮粥用的糙大米、小米、糯米、高粱等都含有较多的维生素。维生素 B_1、维生素 B_2、尼克酸和维生素 C 在酸性中很稳定，而在碱性环境中很容易被分解破坏。实验证明，用 250 克大米煮粥时，若加入 0.3 克碱，就会使大米中 B 族维生素的含量损失 90%。所以，煮粥时忌放碱。

同样，炒菜也不要放碱。有人认为，烧菜时放入一点碱，可以加速菜的熟烂。这种做法不好，会使菜的营养成分受损。各种蔬菜里含有多种维生素，有维生素 B_1、维生素 B_2 和维生素 C，这些维生素都是人体必需的营养成分，如果烧菜时加入碱，就会使这些维生素受损，比如维生素 C 在碱性溶液中就会氧化失效。人体长时间缺乏维生素，就会导致消化不良、心跳、乏力、脚气病、舌头发麻、烂嘴角、长口疮、阴囊炎、牙龈出血等病症。

烧菜不宜放碱，宜用旺火急炒，可大大减少维生素 C 的损失，保持蔬菜应有的营养价值。

11. 扁豆一定要炒熟

半生的扁豆中含有红细胞凝集素和皂素，这些物质对胃肠道有刺激性，可以使人体红细胞发生凝集和溶血，引发中毒。所以，在制作扁豆时一定要煮熟，未熟透的千万不要吃。红细胞凝集素和皂素只有在加热至100℃以上才能被破坏。烹饪扁豆时，要烹调至其外观失去原有的生绿色，吃起来没有豆腥味，才是熟透了，食用后才不会中毒。

有人喜欢把扁豆先在开水里焯一下，然后再用油翻炒一下出锅，误认为两次加热就保险了，实际上两次加热都不彻底，食用后依然会中毒。

还有人为使扁豆颜色好看，口感爽脆，旺火猛炒片刻即食用，但这样并不能使其熟透，食用后也可能中毒。

扁豆中毒还跟它的品种、产地、季节、成熟程度、食用部位等有关，例如老扁豆所含毒素就偏高，烹调中翻炒不够，加热不均，更容易引起中毒。

12. 不要用热水清洗猪肉

有人在做肉菜前，喜欢把猪肉放在热水中浸洗，以求干净，其实这样做会使猪肉失去大量营养成分。猪肉的肌肉和脂肪组织中，含有大量的肌溶蛋白和肌凝蛋白。肌溶蛋白极易溶于热水中，当猪肉在热水中浸泡时，大量肌溶蛋白就会溶于水中，排出肉体。而且在肌溶蛋白里还含有有机酸、谷氨酸和谷氨酸钠盐等香味营养成分，这些物质流失后，既影响了猪肉的香味，营养价值也会降低。

猪肉不可用热水长时间浸泡，正确的方法是将猪肉先用干净的布擦除污垢，然后用冷水快速冲洗干净即可。

13. 注意用油安全

(1)大火熬猪油

猪油是中性脂肪，它易被酸、碱、空气、阳光和人体内有关酶水解而产生甘油和脂肪酸。用大火熬猪油，油温可达 230℃，猪油在这种情况下会发生化学变化而产生丙稀醛，丙稀醛不但有特殊臭味，而且会使营养脂肪遭到破坏，食用后还会影响消化吸收，并可引发肠胃疾病。用大火熬油产生焦臭气体，会刺激口腔、食管、气管及鼻黏膜，导致咳嗽、眩晕、呼吸困难和双目灼热、结膜炎、喉炎、支气管炎等。熬猪油的火候一般控制在油从周围向里翻动、油面不冒为宜。

(2)炸过食物的油重复使用

炸过食物的油，由于长时间与空气接触和高温加热，其营养成分已有很大损失，失去了原有油的营养价值。如果用来重复煎炸食物，还会引起食油变质，产生甘油酯二聚物等有毒的非挥发性物质，这些有毒物质能使人体肝肿大、消化道发炎、腹泻，使人体中毒，并能诱发癌症。

(3)炒菜用油过多

很多人认为炒菜多用油，菜香好吃，其实这是误解。首先，油的主要成分是脂肪，脂肪食用过量，可发生肥胖症、高血压、冠心病等病症。其次，菜肴里用油过多，会在食物外部形成一层脂肪，食后肠胃里的消化液不能完全同食物接触，不利于食物的消化吸收，影响人体所需营养素的供应。时间长了还会引起腹泻，同时也会促使大量的胆汁和胰液的分泌，诱发胆囊炎、胰腺炎等疾病。

第三篇

安全食用，保障饮食营养安全

吃，看似是一件简单不过的事情，张开嘴就行，婴儿都会。殊不知要吃得安全，吃得科学，吃得营养，吃得健康，却大有学问，稍不注意，就会损害健康，吃出问题、吃出毛病来。比如挑食、偏食、暴饮暴食，还有一些搭配不当的食物或是看似安全的食物，如果不加注意随便乱吃，轻则破坏营养，重则损害健康。外出就餐不加注意，更容易引发一些食品安全问题。所以，学会如何安全地吃，是家庭食品安全的重要方面。

第十五章 吃得好不如吃得对

1. 吃得健康的10条“黄金定律”

世界卫生组织曾提出过10条确保饮食安全的“黄金定律”，分别是：

(1)食品一旦煮好就应该立即吃掉，食用在常温下已存放四五个小时的食品很危险。

(2)未经烧煮的食品通常带有可诱发疾病的病原体，因此，食品必须彻底煮熟才能食用，特别是家禽、肉类和牛奶。

(3)应选择已加工处理过的食品。

(4)食品煮好后最好一次全部吃完。

(5)如果需要把食品存放四五个小时，应在高温或低温的条件下保存。存放过的熟食必须重新加热才能食用。

(6)不要把未煮熟的食品互相接触。

(7)这种接触无论是直接或间接，都会使煮熟的食品重新带上细菌。

(8)保持厨房清洁。

(9)烹饪用具、刀叉餐具等都应用干净的布擦干净。

(10)用水和准备食品时所需的水应纯洁干净。

2. 常吃精米精面不利于健康

现代人们生活水平提高了，许多人喜欢常吃精米精面，不愿意吃糙米、标准面，更不喜欢吃玉米、小米等杂粮。这虽然标志着人们的生活水平有了提高，但同时也使很多人走进了饮食保健的误区。因为经常吃精米精面，会导致营养缺乏，出现疾病，影响健康。

据科研资料表明，在加工过程中，精米(特级大米)比标准大米(糙米)蛋白质损失多16.55%，脂肪损失多40%。100%标准米含维生素B_1 0.34毫克，而同量的精米含维生素B_1 0.13毫克，相差很多。如果经常吃缺乏维生素B_1的精米，就会造成人体缺乏维生素B_1，会造成糖代谢产物——丙酮酸在机体内积存，如果积存在神经组织和末梢血管中就会引起脚气病。

神经系统症状有对称神经炎、肌肉酸痛，严重者可引起肌肉萎缩、胃肠蠕动减慢、便秘、消化液分泌减少、食欲不振、消化不良等。血管症状有活动后心悸、气促，严重者心脏扩大，出现心脏杂音，导致心力衰竭，俗称“脚气冲心”，甚至突然死亡。

常吃精米、精面还会减少人体必需的微量元素的摄入。据测定，人长期食用缺乏微量元素的高脂肪、高热量、低纤维素食物，会使糖尿病、高血压、高血脂、冠心病、肿瘤的发病率明显增加。

专家提出，如果人每天的主食中有约10%的粗粮、杂粮，对身体非常有益。玉米是常被提及的主要粗粮之一，它含有的主要营养成分有碳水化合物，占70%以上，可供给人体热量；还含有较多的膳食纤维，能促进肠蠕动，缩短拿物残渣在肠内滞留的时间，减少人体对毒素的吸收，有通便和抑制肠癌的作用。玉米中的镁、钙和β-胡萝卜素的含量比麦、米多，它们能舒张血管、防止高血压和淬灭氧化自由基，对延缓衰老十分有益。据专家研究，玉米面加大豆粉按75∶25的比例混合食用，其蛋白质“生物价”可由60提高到76，是世界卫生组织推荐的一种粗粮细吃，提高营养价值的好方法。

还有小米，也是对人体很有益的粗粮之一。小米中的脂肪、维生素B_1、维生素B_2和胡萝卜素（维生素A原）、蛋白质、铁等含量都很丰富。其蛋白质的氨基酸组成中苏氨酸、蛋氨酸和色氨酸的含量高于一般谷类。中医认为，小米滋养肾气，健胃，清虚热，有医疗功能。《本草纲目》认为，喝小米汤“可增加小肠功能，有养心安神之功”。小米蒸饭、煮粥时配一些绿豆、红豆同煮，营养会更加全面。

所以，奉劝光吃精米精面的人，改变一下自己的饮食习惯，走出只吃精米精面的误区，适当吃些粗粮、杂粮，会对身体更为有利。保健食物不是精细就好，而应该注意减少加工时对营养成分的破坏和营养的全面丰富。

3. 家庭餐桌上最易缺乏的营养素

人体所需的七大营养素是维持生命正常运转的物质基础，缺一不可。

然而第三次全国营养调查却指出，我国百姓中普遍存在着维生素和矿物质摄入不足及不均衡的现象。中国家庭面临着严重的营养失衡问题。下面这几种营养素是中国百姓缺乏严重的营养素：

(1)钙：钙是中国人普遍缺乏的营养素之一。全国人均每天摄入量为405 毫克，仅达到 RDA（指人体某营养素摄入量不会发生缺乏症的数值）要求的 800 毫克的。缺钙会使人出现脚抽筋、盗汗、腰酸及骨质疏松等症状。

(2)维生素 B_2：中国人缺乏营养素排在第二位的是维生素 B_2。人均每天摄入量为毫克，仅占 RDA 要求的毫克的。不同地区，其缺乏状况差异不大。当人体缺乏维生素 B_2，会出现嘴唇脱皮、皮肤发痒的症状。

(3)维生素 A：维生素 A 是中国人缺乏程度排名第三的营养素。人均每天摄入量为 476 微克（其中 157 微克为维生素 A，319 微克来自 β-胡萝卜素的转化），仅为 RDA 要求的 800 微克的。人体一旦缺乏维生素 A，可能会出现皮肤干燥、粗糙，眼睛干涩、怕光的症状。

还有家庭餐桌上相对缺乏的营养素，包括：

(1)锌：锌是中国人缺乏的营养素之一，全国人均每天摄入锌 405 毫克，比 RDA 的要求量 800 毫克少 49.29%。尤其是儿童、青少年缺锌现象比较严重，如果儿童、青少年缺锌会影响智力和身高的正常发育。

(2)维生素 B_1：由于饮食结构的改变，全国人均每天摄入维生素 B_1 的量为 1.2 毫克，离 RDA 的要求差 11.3%。

(3)硒：中国人均每天摄入量为 42 微克，离 RDA 要求相差 11.7%。

(4)铁：尽管人们每天摄入的铁已达到 RDA 的要求，但由于人们食用的铁主要来自于大米、坚果、黑叶蔬菜等植物中的非原血红素铁，其利用率较低，吸收率也远远低于动物性食物中所含的铁。此外，由于人们所吃的谷物中含有浓度较高的植物酸，这种植物酸会抑制铁的吸收。因此，尽管摄入了一定量的铁，但真正被人体吸收的铁并不能满足人体的需要，人们依然存在着贫血现象。

(5)维生素 C：尽管人们摄入维生素 C 的数量已达到了 RDA 的要求，但是，由于人们的烹制方法，维生素 C 被破坏了许多，人体实际吸收利用的比较仍然不足。

目前，许多人为了家人健康，让其大剂量服用维生素 C 和维生素 E，这种做法很不科学，要知道，并不是剂量越大越好，有时过量服用维生素后，还会严重危害身体健康。如每天摄入维生素E达到100毫克以上时，就有可能出现服用过量的症状。

4. 科学地吃不是想吃啥就吃啥

有的人主张想吃啥就吃啥，还有的说，你想吃就是身体营养缺乏。这都是很不科学的饮食习惯，会伤害身体健康。

人想吃(或爱吃)什么食物，多是一种习惯。爱吃糖，并不是说体内就缺糖，爱吃肉也不一定是体内缺脂肪。爱吃啥就吃啥，不爱吃啥就不吃，是一种偏食现象，偏食的结果必然造成人体内某种营养成分过剩，而另外一些营养成分缺乏，给身体健康带来不利。比如爱吃肉的就会患肥胖症，常喝酒的人就会酒精中毒，过多吃甜食也会造成维生素缺乏症。某种食物富含某些营养素，任何一种食物都不会含有人体所需要的全部营养素。

吃饭不可随意，不应该仅仅是吃饱了不饿就行，吃应该讲究科学，要以补充人体所需营养素为原则。人体骨骼需要钙、磷和有利于钙磷吸收的维生素D；人体需要血，就要吃些造血的铁含量高的食物；人的眼睛、肝脏、心脏、肺、脑等器官，都各有自己所需要的营养素，比如眼睛就需要维生素A；蛋白质是生命基础，人体一切细胞都需要蛋白质。所以，在人的饮食中对各种营养物质都要给予补充。因此，人的饮食要合理搭配，花样要多，品种要全，才能保证各种营养素对人体的供给。因此说，想吃啥就吃啥、爱吃啥就吃啥是错误的，是饮食营养中的一大误区，必须克服。

有的人不爱吃蔬菜，这不利于身体健康。蔬菜是人体内所需维生素和无机盐的主要来源，它能促进人体对蛋白质、脂肪和碳水化合物的吸收。不同的蔬菜又含有不同维生素和无机盐，如胡萝卜含维生素A要多，芹菜含铁多，所以吃蔬菜也不能挑食，要吃多种蔬菜。

总之，人的生理活动，需要各种营养物质。这些营养成分，无论哪一种饭菜都不会全部包括，而必须从各种食物中摄取。所以，想吃啥就吃啥是一种不良的饮食习惯，有损身体健康，必须纠正。

5. 多吃酸性食物易损身体

人体在正常状态下,血液为弱碱性。血液中不论酸性过多还是碱性过多,都会引起身体不适。如果人每天都大量食用酸性食物,会导致体内的酸碱失衡营养失调,血液从弱碱性变为酸性,使人体成为酸性体质。酸性体质的人身体健康易受损,常有一种疲倦感,开始时有慢性症状,如手脚发凉,容易感冒,皮肤脆弱,伤口不易愈合等。酸性体质严重时,就会直接影响脑和神经的功能,从而导致记忆力减退,思维能力下降,神经衰弱。

所谓酸性食物,不是指一般的"酸味"食物。食物也分为酸性和碱性两大类,凡是含磷、硫、氯等元素的食物,在人体内部都能形成酸性物质。日常饮食中酸性食物有肉类、鱼类、贝类、虾类、蛋类、花生、紫菜,还有啤酒、白糖以及主食的米、面都属于酸性食物。过多食用这些酸性食物,就会不知不觉导致机体的酸碱平衡失调,患了病还不知病因是什么,一般用药物治疗也只能治表,不能治本,效果不明显。

为此,需要告诫人们,饮食要全面,营养要平衡,尤其是在每天吃入大量酸性食物时,也要食用一些碱性食物,从而保证人体内酸碱的中和。碱性食物在日常饮食中也很多,比如蔬菜、水果、豆类、海藻类、茶、咖啡、牛奶都属于碱性食物。

6. 方便食品不宜经常吃

据社会调查,方便食品几乎家家备有,人人食用。但吃方便食品多的为两种人群:一是上学的孩子,早晨或下学后多吃方便食品;二是正在为事业拼搏的"上班族",他们的时间很宝贵,总要压缩吃饭的时间,为此以方便食品代替早餐或午餐,甚至夜宵也吃方便食品。学生正在成长时期,吃方便食品营养不全,会造成孩子缺铁、缺钙、缺锌,影响身体长高,不利于大脑发育。"上班族"拼搏者本来就工作劳累,应补充营养,而且拼搏也需要有健康的体魄,只有身体健壮,减少疾病,才有做好事业的本钱。吃饭马马虎虎，日久天长，由于身体健康不利，就会在拼搏战场上败下阵来。

之所以说人们吃方便食品不利，主要是因为方便食品营养成分单调不全。比如人们常吃的方便面，其主要成分是碳水化合物、少量味精、食盐和调味品，其调味品如牛肉汁、鸡肉汁、虾汁味道鲜美，但用量少。方便食品缺乏青菜，有的加入菜汁或果汁，用量也很少，因此方便食品不具备人体所需要的蛋白质、脂肪、矿物质、维生素和水等较全面的营养素，更缺乏能促进胃肠蠕动的纤维素，对消化和排泄不利。据调查，在长期吃方便食品的人群中，有60％的人营养不良，54％的人患缺铁性贫血，33％的人患有维生素B缺乏症，16％的人缺锌，20％的人因缺乏维生素A而患眼疾。

此外，有些方便食品还或多或少地含有对人体不利的成分，如色素和防腐剂等。方便食品还含有较多的油脂，平时存放很容易被氧化酸败，这些物质会对身体内重要的酶系统有一定破坏作用，经常食用还会使人加速衰老。当然，方便食品既然有它方便的特点，还是可以食用的，但应发挥其特点，当人在应急或临时就餐不便时方便一下。如果有的“上班族”午餐需较长时间吃方便食品时，应在晚餐配吃蔬菜和水果以及肉类。此外，有三种人不宜吃方便食品，如胃口不佳、消化不良的人，上学的孩子和孕妇都不宜吃方便食品，尤其孕妇吃方便食品会影响胎儿的发育，有胃病的人会加重病情，孩子多吃会影响生长发育。

7. 自助餐好吃但不宜过饱

这些年来，自助餐悄然兴起，走进了人们的生活。自助餐是现代生活中一种全新的饮食方式，在宴席中、饭店中比较普遍。此种饮食方式，较为方便，有利卫生，还可满足不同人对进食的要求，喜欢吃哪种菜、饭，尽管随意选用。但是，也有些人会走进吃自助餐的误区。

吃自助餐的误区在于有些人太算细账，怕吃亏，因而放松肚皮大量吃。因为自助餐一次性交费，吃多少食品不受任何限制，因而有些人算小账，觉得吃得越多越划算，忘掉了科学饮食这一正确的进食原则。吃饱了，解开裤腰带还要吃，有一个笑话就说：吃自助餐的最高境界是“扶着墙进去(饿的),再扶着墙出来(撑的)”。这种暴饮暴食对人体健康非常有害,它可以导致多种疾病发生。

①吃得过饱消化不良。有胃病的人甚至出现胃穿孔。②可诱发急性胰腺炎。据临床统计,约有30%的胰腺炎是由于暴饮暴食引起的。人在暴食后一方面可引起十二指肠乳头的水肿和括约肌痉挛,影响胆汁和胰液流入肠道;另一方面大量进食后胃酸的分泌增加,也促进了胰腺的分泌。两者共同作用,可以使胰管破裂,发生胰液外漏而出现胰腺炎。③可诱发胆囊炎和胆囊结石急性发作。由于自助餐食者吃进大量肉食进入胃内,促使胆汁分泌加快,同时将胆囊内储存的胆汁迅速挤出来,用来消化食物,这对胆囊结石的病人,在胆囊收缩过程中,有可能会使结石嵌顿而发生急性胆囊炎,出现腹痛、高烧和黄疸等一系列病状。④有心脏病的人会加重病情。⑤导致腹痛腹泻。

因此,吃自助餐的人,一定要文明饮食,不要走进误区。

8. 不能贪吃快餐和“洋快餐”

时下各种快餐食品风行于都市,成为了现代都市餐饮业的主流。现在每天都有大量顾客光临快餐店,快餐以其快速、便捷、卫生的特点得到了忙碌的都市人的喜爱。

虽然快餐有它的优势,但是,快餐食品也有其明显的缺点,主要有以下几点:①营养供应欠均衡:只注意肉类、糖类及油脂类供应,缺乏蔬菜、水果、纤维质等。维生素、矿物质也比较缺乏,所以常吃会导致人体营养失衡。②热量供应过量:快餐以油脂及高糖类物质为主,是高浓缩物质,所以极易吸取过量。而油多如果又是动物性的,就会有太多的饱和脂肪,极易导致胆固醇过高,危害肝脏健康。③盐分供应太多:大多快餐的调味料都是很浓的,含有大量盐分,对心脏血管及肾脏都无益处。长久食用的话,身体健康肯定受损。

因此,专家们建议人们在食用快餐时要注意以下几点:

(1)选择食品尽量要均衡:快餐其实有很多形式,进食时要考虑其中的肉类、淀粉类、蔬菜水果类及乳类制品搭配均衡。

(2)不要选择多油和太甜的食品:太多油、太甜的食物适可而止,不宜大量进食,否则会摄取过高的热量,危害身体健康。

(3)不要选用口味过重的食物,减少盐的摄入量。

(4)要加水果:水果是快餐中较缺乏的食物,可以考虑在快餐之后吃一些水果或喝些水果饮料。

(5)吃快餐要适可而止:快餐可以解决每日一餐膳食,但其余的餐数应该进食正常饮食,以补充快餐的不足。

这样,就可以达到该快的时候快,该补充营养时补充营养,既方便了工作,又有益健康。

9. 暴食美味佳肴易患"美味综合征"

现在人们生活水平提高了,都想吃好的。鸡、鸭、鱼、肉天天有,顿顿吃,好菜不断,甚至出现暴食美味的现象。有人以为这样吃,表示生活富有,可为身体增加营养,有利健康长寿。错了!暴食美味佳肴其实是饮食与保健的误区。

有的人正是因为暴食美味,导致出现了急症。他们大量食用了美味以后,约半小时到1小时就出现了头晕、眼花、周身不适、上肢麻木、下颌发抖、胸闷、心悸、乏力等症状,这就是患了"美味综合征"。"美味综合征"是因为过量食用美味佳肴引起的。人过多地食用鸡、鸭、鱼、肉等富含蛋白质的食物,就会在肠道细菌的作用下,转化为有毒害的物质,随着血液流人大脑,可干扰大脑神经细胞的正常代谢;使生理功能紊乱,从而产生一系列中毒症状。

有的患急症,天长日久就会出现消化不良、肥胖,继而导致心脑血管疾病,使身体健康状况大为下降。

很多人只知道鸡、鸭、鱼、肉味道鲜美,营养丰富,这是对的;但有相当多的人却不知道美味食品中也含有对人体健康不利的成分。据有关资料报道,在鸡、鸭、鱼、肉美味食品中,含有大量的麸酸钠。麸酸钠被人食用后,可大大刺激味觉,使人感到鲜香可口。然而人过多地食用麸酸钠后,麸酸钠在人体内可分解为谷氨酸和酪氨酸等成分,而酪氨酸在肠道细菌作用下，又可转化为其他有害物质，被人体吸收，随血液循环到达脑组织，这样就干扰了脑组织的正常活动，使得脑神经的正常生理功能受到抑制，而出现一系列前面所提到的头晕、眼花等症状。

研究还发现，当人体一次摄入麸酸钠达 5 克时，就会出现轻度症状；当摄入麸酸钠 10 克以上时，就会出现重度症状。

为防止出现“美味综合征”的出现，首先要把住“进口”关。尤其是要告诉孩子，每次吃肉不得过多，更不可只吃肉而不吃其他菜，应该再配合吃一些蔬菜、豆制品这类食物的摄取会大大减少麸酸钠的摄入。还有，饭后过一会儿吃些水果和喝杯茶水，也有利于胃蠕动，可尽快地把有害物质排出体外，减少体内对毒物的吸收。

10. 经常饱食促进动脉粥样硬化

有不少人认为，吃得越饱越好，说吃得饱有利于身体健康。其实并非如此，人吃得过饱反而对健康不利。

有关研究指出，人进食过饱后，大脑中有一种称为“纤维芽细胞生长因子”的物质明显增加，比进食前增加数万倍。这种纤维芽细胞生长因子能使毛细血管内侧细胞和脂肪细胞增加，促使动脉粥样硬化的发生。如果长期饱食，大脑内的纤维芽细胞生长因子增加，会导致脑血管硬化，出现大脑早衰和智力迟钝。饭后 4 小时基本恢复到原来水平。

研究人员对老年人进行比较，结果发现：患老年性痴呆症的人，在壮年时期食欲都很旺盛，特别是晚饭常常吃得过饱，而且有嗜甜食的习惯，其中大多在 50 岁左右时，身体已经很“发福”。目前还没有有效的药物来控制饱食时纤维芽细胞生长因子的增加，但可通过调节饮食量，减少纤维芽细胞生长因子在大脑中的分泌，来推迟脑血管硬化的发生是完全有可能的，从而能减轻和延缓大脑早衰和智力迟钝。

第十六章　健康营养，一日三餐最重要

1.早餐不仅要吃,而且要吃好

早餐无疑是一天中最重要的一饭,有人称之为“金餐”。吃早餐有利于人们学习、工作时集中注意力;不吃早餐容易的胃病,长时间可能会引起胃癌等疾病。

通过一夜的休眠,夜间胃里分泌的胃酸如果没有食品去中和,会刺激胃粘膜而导致胃部不适,久之则可引起炎症、溃疡病;如果空腹时间过长,会引起消化液分泌减少,进而引起胃肠病。早上不进食,就不能弥补夜间丧失的水分和营养素,结果使血粘度增加,又不利于一夜间产生的废物排出,从而增加患结石以及中风、心肌梗死的危险。

早餐是否吃得好对人的一天起着重要的作用。早餐吃得好,一上午都会精力充沛,办事效率高;反之,则会影响工作,还会出现头晕、心慌、脸色苍白、晕倒等症状。如果长期不吃早餐或早餐吃得不好,还会增加患结石、便秘以及中风、心肌梗塞的危险。不吃早餐的坏处显而易见,那么,怎样才能吃好早餐呢?

(1)把握好最佳的早餐时间

早餐宜安排在早晨起床后20~30分钟后,通常早餐选在每天6:30~8:30吃最合适。此时人的食欲最为旺盛,营养易被消化吸收。此外,早餐与中餐之间间隔4~6小时为好,也就是说,午餐在11:30~13:30之间食用最佳。如果早餐较早,那么早餐数量应该相应增加,或者将午餐相应提前。

(2)早餐搭配要合理,酸碱平衡

早餐食谱中的各种营养素的热量一般应占全天总热量的25%~30%。各种食物搭配要合理,酸碱平衡。合理是指富含水分和营养,应该有谷类、豆制品类、奶类、蛋类、肉类、蔬菜、水果等,而且还要做到粗细搭配、荤素搭配,使食物蛋白质中的各种必需氨基酸组成比例平衡,营养互补。谷类食品在体内能很快被分解成葡萄糖,纠正睡眠后可能产生的低血糖,并可提高大脑的活力及人体对牛奶、豆浆中营养素的利用率。适量的鸡蛋、豆制品、瘦肉、花生等所含的蛋白质和脂肪,不但可使食物在胃肠停留较久，还能使人整个上午精力充沛。水果和蔬菜不仅补充了水溶性维生素和纤维素，还可以中和肉、蛋、谷类等食品在体内氧化后生成的酸根，达到酸碱平衡。

(3)早餐要吃热食

中医认为，吃“热食”才能保护“胃气”。这里的所谓胃气，其实并不单指胃，还包括脾胃的消化吸收能力、后天的免疫力、肌肉的功能等。早晨，人体内的肌肉、神经及血管都还处于收缩的状态，假如此时再吃喝冰冷的食物，会使体内各个系统更加挛缩、血流更加不畅。长期下去，就会发现好像老是胃口不好，或大便总是稀的，或皮肤越来越差，或喉咙老是隐隐有痰，时常感冒，小毛病不断。造成身体的抵抗力下降。

(4)早餐宜软不宜硬，有干也要有稀

清晨时分，人体的脾脏还处于困顿、呆滞的状态，常常胃口不开、食欲不佳，老年人更是如此。因此，早餐不宜进食油腻、煎炸、干硬以及刺激性大的食物，否则极易导致消化不良。因此，早餐宜吃易消化的温热、稀软的食物，如热牛奶、热豆浆、汤面条、馄饨等，最好能喝点粥，若能在粥中加些莲子、红枣、山药、桂圆、薏米等保健食品，那样既美味又健康。

(5)早餐时宜吃的食物

给家人准备食物时，应该准备富含蛋白质的鸡蛋、酱肉、豆腐干、香肠等。

富含维生素C的食物：果汁、蔬菜、水果等；富含碳水化合物的食物：面包、馒头、花卷等；富含水分的液体食物：米粥、牛奶、豆浆等；开胃、增加食欲的食物：番茄酱、果酱、酱菜等。

我们都爱说“早餐吃好，午餐吃饱，晚餐吃少”，这句话在国外的说法是：早餐吃得像国王，中餐吃得像绅士，晚餐吃得像贫民。营养学家建议，早餐应摄取约占全天总热能的30%，午餐约占40%，晚餐约占30%。而在早餐能量来源比例中，碳水化合物提供的能量应占总能量的55%～65%，脂肪应占20%～30%，蛋白质占11%～15%。

2. 午餐要科学营养，吃饱更要吃好

午餐摄取的能量应占全天总能量的30%～40%，它在一天当中起着承上启下的作用，千万不能忽视。要知道营养全面、丰富的午餐可让人精力充沛，学习、工作效率提高。由于现在生活节奏加快，许多人不重视午餐营养，只是随便在外吃点快餐或方便食品对付一下。如果长期对午餐不重视，可能会影响肠胃消化功能，导致早衰、胆固醇增高、肥胖，并易患消化道疾病、心肌梗塞和中风等疾病。那么，怎样科学吃午餐呢？

午餐宜吃高蛋白质、高胆碱的肉类、鱼类、禽蛋和大豆制品等食物。因这类食物中的优质高蛋白可使血液中的酪氨酸增加，使头脑保持敏锐，提高理解力和记忆力。

午餐中还要有一定量的瘦肉、牛奶、豆浆或鸡蛋等优质蛋白质，这类食物可使人反应灵活、思维敏捷。

午餐时宜吃三种以上的蔬菜和水果，补充充足的维生素、矿物质和膳食纤维。午餐时的主食要多样，正餐的主食保证两种以上更健康，也更有利于补充体力，如米饭＋豆沙包、米饭＋肉包、米饭＋玉米棒等。

一顿营养良好的午餐，应包括下列各类食物：约100～150克谷类，以提供足够的碳水化合物(能量)、部分B族维生素和膳食纤维；150克鱼类(或禽类、或瘦肉)提供约25克的优质蛋白质、部分维生素和脂肪；250克蔬菜，其中约150克绿叶菜，以提供约70～80毫克的维生素C和约3～4毫克的维生素A原(胡萝卜素)，以及部分矿物质和膳食纤维。以上各类食物的不同品种可以变换，但一样都不可以少。因此，在选择快餐时应尽可能考虑到各种食物的构成以及数量，显然方便面、面包之类的东西就更不可以作为午餐了，因为这种只有碳水化合物(方便面、面包)的午餐，除影响下午的工作效率外，更可以导致多种营养素缺乏和营养不良。

此外，进餐没有规律(如不定时，饥一顿、饱一顿)，也会加重消化道，尤其是胃的负担，导致消化功能的紊乱和疾病。在有员工午餐的单位，应按照营养师的推荐提供营养丰富的午餐，除保证员工的健康外，还可提高工作的效率，是事半功倍的事。在没有员工午餐的单位，个人应照顾好自

己的午餐。

3.晚餐吃少、吃早还要吃素

与早餐、中餐相比，晚餐宜少吃，不必大酒大肉，而是精致可口。一般要求晚餐所供给的热量以不超过全日膳食总热量的30%。晚餐经常摄入过多热量，可引起血胆固醇增多，过多的胆固醇堆积在血管壁上久而久之就会诱发动脉硬化和心脑血管疾病，晚餐过饱，血液中糖，氨基酸、脂肪酸的浓度就会增多，吃饭后人们的活动量往往较小，热量消耗少，上述物质便在胰岛素的作用下转变为脂肪，日久身就体会肥胖。不少家庭的晚餐菜肴丰盛，鸡、鸭、鱼、肉、蛋摆满餐桌，这些多是高蛋白、高脂肪、高能量的食物，其目的是为了补充白天营养素的不足。这种以晚餐补早餐和中餐，片面追求摄入高脂肪、高蛋白食物的习惯，加上运动量不足，难免会为日后的身体健康埋下隐患。

晚上，生物钟的要求是人们休息的时间。一方面是大脑的休息，另一方面是内脏的休息。如果在睡前吃下大量食物，那么身体会将用于维修、排毒、修复和组织及器官生长的新陈代谢能量转而用来消化食物，消化睡前食物产生了大量血液流通，你很可能会醒来之后感觉拥挤和沉重，因为你在晚间没有充分排毒。就会加速人的机能疲劳而老化。而晚餐早点吃(睡眠前三小时)，睡眠前三小时内少吃或不吃，就能减少能耗，减少内脏的磨损。不仅仅是大脑，内脏也能得到充分的休息！这样，人是可以长寿的。

科学合理的晚餐要从以下方面来做到：

(1)晚餐不宜过饱

中医认为“胃不和，卧不安”。如果晚餐吃得过饱，必然会造成胃肠负担加重，其紧张工作的信息不断传向大脑，致使人失眠、多梦，久而久之，易引起神经衰弱等疾病。

(2)晚餐不宜常食荤

医学研究发现，晚餐经常吃荤食的人，血脂较常人高3～4倍。患高血脂、高血压的人，如果晚餐经常吃荤，等于火上浇油，会使病情加重或恶化。晚餐经常摄入过多的热量，易引起胆固醇增高，而过多的胆固醇堆积在血管内壁上，久而久之，就会诱发动脉硬化和冠心病。

(3)晚餐不宜常吃甜

晚餐和晚餐后都不宜经常吃甜食。科学家认为，肝脏、脂肪组织与肌肉等的糖代谢活性，在1天24小时不同的阶段中，会有不同的改变。晚餐进食太多糖分，糖分经消化可分解为果糖与葡萄糖，被人体吸收后分别转变成能量与脂肪，能量再被分解成水与二氧化碳。由于运动可抑制胰岛素分泌，对糖转换成脂肪也有抑制作用，而使糖变成能量的来源，再分解成水与二氧化碳。因此，摄取糖分后立即运动，就可抑制血液中中性脂肪浓度升高。如果摄取糖分后立刻休息，结果则相反，久而久之会使人发胖。故晚餐与晚餐后避免吃甜食，才是维持体重的健康方法。

(4)晚餐不宜太晚吃

专家指出，晚餐不宜吃得太晚，否则易患尿道结石。为了预防尿道结石，除多饮水外，还应早进晚餐，一般晚6点吃晚餐最合适，能使进食后的钙盐排泄高峰提到睡觉之前，排一次尿后再睡最好。

(5)晚餐尽量多吃素

晚餐一定要偏素，以富含碳水化合物的食物为主，尤其应多摄入一些新鲜蔬菜，尽量减少过多的蛋白质，脂肪类食物的摄入。但现实生活中，由于有相对充足的准备时间，所以大多数家庭晚餐非常丰盛，这样对健康不利。摄入蛋白质过多，人体吸收不了就会滞留于肠道中，会变质，产生氨、吲哚、硫化氨等有毒物质，刺激肠壁诱发癌症。若脂肪吃得太多，可使血脂升高。大量的临床医学研究证实，晚餐经常进食荤食的人比经常进食素食的人血脂一般要高3至4倍，而患高血脂、高血压的人如果，晚餐经常进食荤食无异于火上浇油。

4.喝水也有讲究，科学合理更健康

水是地球上一切生命赖以生存、人类生活和生产活动不可缺少的重要物质。水是构成生物机体的要素。没有水就没有生命，当人体失去6%的水分时会出现口渴、尿少和发烧，失水10%～20%将出现昏厥甚至死亡。对人类来说，水比食物更为珍贵，人不吃食物，生命还可维持二十余天，但如不喝水，则不过几天便会死亡。可见水对生命多么重要，可以说没有水就没有生命，水是生命之源。

医学专家综合人体的需要，认为人一天平均摄取 2.5 升水是适当的。喝水的次数以每日 4～5 次为宜，不要等到口渴才喝。水也不能盲目地喝，要讲求科学，适可而止，张弛有度。一般早晨餐前饮水比较合适，早上起床喝一杯 20℃～30℃的凉开水，可以迅速补充夜晚睡觉出汗和呼吸丢失的水分，防止皮肤缺水和身体脱水。

喝水以白开水最好，它不含卡路里，不需要消化就能为人体直接吸收利用；而含糖饮料会阻止肠胃道吸收水分的速度，不宜多喝；此外，平日不需要特别补充运动饮料，以免增加肾脏的负担。尤其热天，身体会大量流失水分，更应多加补充。夏天常常会感觉口渴，其实就是体内水分不平衡所发出的警讯了。但喝水可不能猛灌，最好先将水含在口中，再缓缓喝下，以免呛水。

健康饮水三大要素是引用的水要健康、饮水方式要科学、饮水设备要安全。健康水的标准是：第一，没有污染、无毒、无害、无异味；第二，没有退化，具有生命活力；第三，符合人体营养生理需要，含有一定有益矿物质、PH 值中性和微碱性。只有三点全部满足才是健康饮用水。

美国权威研究显示，吃一块猪肉所含的铁质等于 8000 杯矿泉水的含铁量；而水中的微量元素是以微克计量标注的，所以从喝水中获得的营养可以完全忽略不计。应理性看待喝水补充微量元素、矿物质的说法。

另外要说的是，现在有的饮用水品牌宣称其弱碱性，有糊弄大众的嫌疑。因为水的酸碱性极易受天气、季节影响，水质怎么可能保持恒定？更何况，医学已经证明了人体的酸碱度能进行自我调节。

上班族整天待在办公桌前很少运动，最好养成每次坐下前喝少量水的习惯。每天我们吃下的食物中含有大量的水分，扣除这些，一天喝 1500 毫升的水就足够了。

上班族由于工作忙碌，渴了才想起喝水，应当养成健康的饮水习惯，要主动喝水，别等口渴了再喝水，因为这时候已经是身体拉响了缺水警报。早晨起床后要喝一杯水，吃完饭再喝一杯水，中午也喝一杯，下午再喝一杯，下班前喝一杯，睡前一小时再喝一杯水。

只有这样，才能保证我们身体的水平充足和均衡，不仅有利于健康，也有利于美容和长寿。

5.喝咖啡有诀窍

香浓的咖啡总和现代白领联系在一起。爱喝咖啡的人越来越多，咖啡的魅力除了它苦中作乐的口感与引人入胜的香气以及提神醒脑的作用外，也是白领一族休闲的一种方式。但是，喝咖啡并不像喝水，因为咖啡里面的咖啡因不仅有提神的功效，多喝会影响人的睡眠。其实咖啡因是一种存在于自然界中的天然物质，在许多植物中都能发现这类物质，如咖啡豆、可可豆与茶叶等。所以，喝咖啡要适量。

在日常的饮品中，含咖啡因的饮料主要有咖啡、茶、可乐等。一般认为，成人每日咖啡因的安全摄入量为300毫克，以240毫升为约一杯的量为单位，每杯咖啡中含有的咖啡因量是65～120毫克，每杯茶的咖啡因含量是20～90毫克，每杯可乐含咖啡因是23～31毫克。所以，以150毫升的杯子来说，每天喝2～4杯咖啡是有益的。一般人每天饮用2～3杯咖啡或者5～6听含咖啡因的可乐都不会产生因咖啡因而引起的健康问题。

早晨喝咖啡的确有助于头脑清醒、精神抖擞，但须先吃早餐后，才能饮用，否则容易伤害肠胃功能。有胃及十二指肠胃溃疡的人，尤其应避免空腹喝咖啡。

酒后不宜喝咖啡，否则会更刺激血管扩张、加快血液循环，增加心血管的负担。

喝了咖啡约10～15分钟，即有提神醒脑的作用，所以睡前不要喝咖啡，以免失眠。勿喝太浓的咖啡，否则会使人变得急躁且理解力减弱。

喝咖啡后，不能马上抽烟，否则容易对心脏造成危害。

服用抗生素和胃溃疡治疗药物，不可同时喝咖啡，以免刺激胃部，造成疼痛不适。喝咖啡时最好加一些奶精，以缓和对胃的刺激，但是奶精与糖皆有热量，须控制摄取量，以免发胖。

第十七章　危害不小，这些食物要慎吃

1. 刚出炉的面包

一些人认为，刚出炉的面包最新鲜，吃起来最香，其实新出炉的面包的香味是奶油的香味，面包本身的风味是在完全冷却后才能品尝出来的。刚出炉的面包还在发酵，马上吃对身体有害无益，易引起胃病。

刚出炉的面包至少放两个钟头才能吃。包括馒头、发面饼等。肠胃不好的人不宜吃太多面包，面包有酵母，容易产生胃酸。

2. 七八成熟的涮羊肉

吃火锅时，不少人喜欢吃七八成熟的涮羊肉，殊不知，这样很容易感染上旋毛虫病。羊的小肠里往往寄生旋毛虫的成虫，膈肌、舌肌和肌肉中往往寄生旋毛虫的幼虫。如果吃半生的涮羊肉，未被杀死的旋毛虫幼虫便会进入人体，在人的肠道内 1 周即可发育为成虫，成虫互相交配后，经过 4～6 天，就可产生大量幼虫。这些幼虫会进入血液，周游全身，最后“定居”于肌肉，可引起恶心、呕吐 、腹泻、高热、头痛、肌肉疼痛以及腿肚子剧痛、运动受限等；幼虫如果进入脑和脊髓，还能引起脑膜炎症状。

3. 生鸡蛋要慎吃

有些人认为生鸡蛋营养价值高，营养物质保持原汁原味，没有被污染，所以就喜欢生吃，这其实是不太科学也不太卫生的。

(1)增加肝脏负担

食用生鸡蛋可增加肝脏负担。大量未经消化的蛋白质进入消化道，发生腐败，产生较多的有毒物质，给肝脏增加负担。

(2)容易引发胃炎

生鸡蛋难免有些病原体侵入，进入人体后，容易发生肠胃炎。

(3)**生物素缺乏症**

生鸡蛋蛋清部分含有一种对人体有害的碱性蛋白质——抗生物素蛋白。这种抗生物素蛋白阻止生物素的吸收，人体便可能患上生物素缺乏症。

4. 变质食物千万不要吃

一些家庭主妇为避免浪费，常将变质的食物高温高压煮过再吃，以为这样就可以彻底消灭细菌。而医学研究证明，许多细菌在进入人体之前分泌的毒素非常耐高温，不易被破坏分解。因此，这种用加热加压来处理剩余食物的方法是不值得提倡的。

5. 隔夜的自来水最好放掉

在清晨，很多人往往一打开水龙头就刷牙、洗脸、做饭，更甚者直接饮用自来水。但最新的研究发现，隔夜水龙头往往窝藏有一种细菌——嗜肺军团杆菌。人如果感染这种病菌就会得一种症状酷似肺炎的"怪病"，以前的医生们往往把它当做肺炎治疗，但都无果而终。患者可能会有胸痛、嗜睡、烦躁、抑郁、神志模糊、定向障碍等中枢神经症状，有的还伴有腹泻、腹痛、恶心、呕吐等消化道症状，更为严重者甚至死亡。

早晨用水时，最好先打开水龙头十秒钟，让水管中隔夜自来水排出，为避免浪费可用这些水冲马桶、洗衣服。

6. 老化水不利于健康

水与生物体一样，也会不断地衰老，而且衰老的速度很快。科学实验证实，水分子是成链状结构的，水如果不经常受到撞击，这种链状结构就会不断地扩大和延伸，变成老化水，俗称"死水"。

常饮用老化水，会使未成年人细胞新陈代谢明显减慢，影响身体生长发育；中老年人则会加速衰老；许多地方食管癌、胃癌发病率日益增高，也与长期饮用老化水有关。

有关资料表明，老化水中的有毒物质随着水储存时间增加而增加。比如刚被提取的深井水，每升含有硝酸盐 0.017 毫克，但在室温下储存 3 天，就会上升到就令上升到 0.914 毫克，这种亚硝酸盐会转化为致癌物亚硝胺。

7. 小心“千滚水”中毒

“千滚水”就是在炉上沸腾了长时间的水，还有电热水器中反复煮沸的水，这种水因煮沸过久，水中非挥发性物质（如钙、镁等重金属成分和亚硝酸盐）含量很高。久饮这种水，会干扰人的胃肠功能，出现暂时性腹泻、腹胀；如果长期或大量饮用有毒的亚硝酸盐，还会造成机体缺氧，严重者会昏迷、惊厥，甚至死亡。

有人习惯把热水瓶中的剩余温开水重新烧开再饮，目的是节水、节煤（气）、节时。但这种“节约”并不可取。因为水烧了又烧，使水分再次蒸发，亚硝酸盐会升高，常喝这种水，亚硝酸盐会在体内积聚，引起中毒。重新煮开的水的性质和“千滚水”类似，都不宜饮用。

8. 刚灌装好的桶装水不要喝

市售的桶装水，不论是蒸馏水、逆渗透水、矿泉水及其他纯净水，在装桶前大多要用臭氧做最后的消毒处理，因此在刚灌装好的桶装水里都会含有较高浓度的臭氧。对人而言臭氧是毒物，如果你趁“新鲜”喝，无疑会把毒物一起摄入。但若将这些桶装水再放 1～2 天，臭氧会自然消失，这时再喝就没有中毒的危险了。根据规定，生产的桶装水必须经检验合格后方可出厂，而这个过程需 48 小时，所以只有按规范检验出厂的桶装水才是安全的。

9. 半生的豆浆不能喝

大豆中含有胰蛋白酶抑制物、细胞凝集素、皂素等物质，这些有毒物质比较耐热，如果人食用了半生不熟的豆浆、未炒熟的黄豆粉，就可引起中毒。其表现为食用后出现恶心、呕吐、腹痛、腹胀和腹泻等症状，严重的可引起脱水和电解质紊乱。轻者一般在3～5小时就能自愈，症状严重的可持续1～2天。

为了防止喝豆浆中毒，应将豆浆烧开煮透。通常，锅内豆浆出现泡沫沸腾时，温度只有80℃～90℃，这种温度尚不能将豆浆内的毒素完全破坏。此时应减小火力，以免豆浆溢出，再继续煮沸5～10分钟后，才能将豆浆内的有毒物质彻底破坏。

另外，喝豆浆还要注意以下几点：

(1)饮用要适量：成年人喝豆浆一次不要超过500毫升，小儿更应酌减。大量饮用，容易导致蛋白质消化不良、腹胀等不适症状。

(2)不要兑红糖：红糖中含有大量的有机酸，能与豆浆中的蛋白质结合产生沉淀，降低蛋白质的营养价值。若用白糖则无此弊。

(3)不要用保温瓶储存：保温瓶装豆浆易使细菌繁殖。

第十八章　外出就餐更要注意安全

1. 外出就餐八大安全招数

(1)**最好少喝汤**:排骨汤、鸡汤等肉类的汤,含有大量的脂肪和胆固醇。如果一定要喝,最好选在饭前,这样可减少食量。或者点豆腐汤、西红柿鸡蛋汤等家常汤。若是宴请,可以点银耳羹等。

(2)**主食提前上**:在饭桌上,“凉菜—热菜—汤—主食”的上菜顺序似乎成了固定模式,不少人直到酒足菜饱时才想起来要点主食。这样会使人在最饥饿、食欲最强的时候吃进去大量动物性食品。所以早点吃主食,既能减轻胃肠的负担,还能保护血脂,维持营养平衡。

(3)**少点假“素菜”**:地三鲜、过油茄子、干煸豆角。这三道菜都是洗过“油锅澡”,虽然原料是素的,但一过油,热量比肉还高。因此,最好多点清淡的蔬菜,比如清炒空心菜、蒜茸拌茼蒿等。

(4)**多食清淡菜**:很多人到饭店愿意点“下饭”的重口味菜,有时选对了食材却忽略了做法。其实,浓味烹调往往会遮盖原料的不新鲜气味和较为低劣的质感。所以,吃鱼最好选择清蒸,蔬菜选择凉拌或清炒,肉类选择炖煮,海鲜选择白灼。

(5)**不要太好“色”**:一些餐馆在炒肉菜前,会对肉制品“润色”,使用亚硝酸盐等发色剂,这样炒出来的肉质鲜嫩,颜色也好看。所以那些看起来过于鲜艳的菜,还是少点为妙。

(6)**荤食不该唱“主角”**:很多人习惯性地点酱牛肉、千层脆耳等凉菜开胃。其实,选一些清爽的素凉菜,能平衡主菜油脂过多和蛋白质过剩的问题。像生拌、蘸酱类蔬菜,这些清爽的食物可以保证一餐中的膳食纤维和钾、镁元素的摄入,还能避免蛋白质作为能量被浪费。

(7)**“蒸煮炖拌”更可靠**:尽量少点含有油炸、香煎或干锅等字样的菜。特别是干煸菜,不但使维生素损失殆尽,蛋白质、淀粉、脂肪等营养素也被破坏,甚至产生致癌物。

(8)**一人一菜当足矣**:一般来说,四个人吃饭,点 3 热 1 凉就刚好,五人到七人点 5 热 1 凉,八人以上按照人数减 2 的数量点,就应该足够了。对于不熟悉的菜肴,在点菜时应先问清菜量,避免吃得过饱。

2. 街边小吃最危险

麻辣烫、羊肉串、毛鸡蛋、冰糖葫芦、海鲜大排档……说到这些街边小吃，相信很多人已经垂涎欲滴。但是，当厕所、福尔马林、耗子肉、地沟油（油炸食品）……这些字眼同时和小吃联系在一起的时候，不知道在你的脑子里会出现什么样的景象！当然，不是所有街边小摊都是这样，那些诚信经营、讲究卫生的街边小摊，不仅让人们大快朵颐，还让人们领略到十足的地方风味。但对于街边小吃，还是小心为妙，少吃为佳。

1. **麻辣烫**：如今在大街小巷飘香的串串香、麻辣烫很受年轻人青睐，在冬日里也是红红火火、生意兴隆。但这些街头的串串香、麻辣烫很难达到国家对餐饮店的卫生要求，由于场地有限，加上营业高峰时段供不应求，菜量供应大，而且缺乏完善的清洗、消毒设施，这些街头小贩的卫生状况很难保证：没能清洗干净的青菜上可能存在泥沙、农药残留、细菌，而且水煮是无法完全消除的；公用餐具在清洗后往往没有消毒程序；其中添加的食品调料缺少监控，虽然味道好，但很可能存在添加剂超标的问题，水煮时间长了反而危害更大。还有的"麻辣烫"摊验出"罂粟底"，好些黑心小贩都用罂粟壳煮汤底，用地沟油作油，用双氧水、福尔马林来腌渍肉串，甚至在肉中加入 PPA、止疼药。这种黑心的小摊食品是沾都不能沾的。

2. **毛鸡蛋**：所谓毛鸡蛋就是未完全孵化的、小鸡成形了不过还没有破壳而出的蛋。很多人相信这样的胚胎是"补品"，大补的作用，殊不知毛鸡蛋含大量病菌，会严重危害人体的健康，甚至致命。

3. **烤肉、烤串**：很多黑心小贩用流浪猫的肉、低价的死猪肉或是一些其他的不卫生不安全的肉来做成的，并非真正的羊肉，而且还有一些商贩为了防止肉变质，还非法加入一些有毒的"红粉"和亚硝酸盐，对健康的损害更大。

4. **臭豆腐**：街头烧烤的臭豆腐串是这些年来"经久不衰"的街头小吃之一，在冬季也毫不逊色，尤其受年轻人的青睐。然而让人难以置信的是，这些臭豆腐基本都是黑加工点生产出来的，几乎没有正规的食品加工厂生产这种街头小吃。而在黑加工点里，臭豆腐的制作环境、制作工艺、卫生标准、原材料的质量、保存环境以及制作人员的健康状况等都是无法保证的。为了降低成本,黑加工点还往往反复使用炸臭豆腐的油,而反复使用的食用油过氧化物超标,存在致癌风险。有些臭豆腐是用大粪泡出来的,而且里面还加入一些非法的添加剂硫酸亚铁、明矾等,以达到又臭又黑的目的。

5. **油条油饼**:油条是不少人早餐的选择,可油条中大多加明矾。这种含铝的无机物,被人体吸收后会对大脑神经细胞产生损害,并且很难被人体排出而逐渐蓄积。长久对身体造成的危害是,记忆力减退、抑郁和烦躁,严重的可导致"老年性痴呆"等可怕疾病。油条八成铝超标,黑窝点竟用敌敌畏熏"美味"油条,还有一些在原料中加入洗衣粉以保证油条好看又好吃。

6. **煎饼果子**:煎饼果子就是用地沟油淋上去的,然后黄色还加上了柠檬黄色素,里面包的也绝不是什么好货,而是过期火腿肠。

7. **糖炒栗子**:街头流行的闻起来香甜、看起来光鲜亮丽的栗子无疑是最符合色香味俱全的小吃之一。不过,看起来越漂亮越诱人的栗子,可能越是潜伏着危机。因为有的不法商贩为了让栗子看起来乌黑发亮,会在炒栗子时加入不允许用在食品上的工业石蜡,工业石蜡中含有致癌物质,吃多了可能导致脑部神经和肝脏病变。

此外,口感太甜的栗子也不好,因为这些栗子很可能是用同样不允许用在炒栗子中的糖精炒出来的,而不是白糖、蜂蜜。这种栗子刚入口时感觉特别甜,但回味短,甚至吃完后嘴里会有苦味。

8. **糖葫芦**:在萧瑟的冬日里看起来红火喜庆的冰糖葫芦是中国传统的小吃之一,如今糖葫芦的品种也从山楂、山药等发展到了多种水果,而且很多是在街头食品摊现场制作,看起来更加诱人。然而专家指出,街头现场制作的糖葫芦往往受到环境限制,不能按照卫生标准的要求清洗再烘干原料,而清洗过的水果往往粘不住糖浆,因此很多商贩省略了清洗的步骤,而消费者只能寄望于"不干不净、吃了没病"了。这样制作的糖葫芦不仅存在原料不洁净的问题,而且往往在露天或半露天的环境下制作和叫卖的糖葫芦,还不能达到防尘要求。北方的冬天经常是风大尘土飞扬,糖葫芦在这种情况下很容易沾染细菌。

3. 小餐馆里的免费茶要慎喝

中国人自古就有以茶待客的习惯，许多餐馆在上菜之前也要先给客人端上一壶免费茶水。但餐馆档次不同，提供的免费茶的质量也不同。有许多小餐馆竟然用几元钱一斤的"垃圾茶"来招待客人。这种"垃圾茶"冲泡后，茶汤混浊，杯底沉淀物多，多是碎叶和叶梗。"垃圾茶"中灰尘、污物很多，很不卫生。更可怕的是，"垃圾茶"的农药残留和重金属含量超标，而人体如果吸收过量的铅，就会造成：一是血液中毒，抑制血液中酶的活性，阻碍血色素合成，甚至会引发贫血和白血病；二是导致肝、肾等脏器中毒，使这些器官的功能下降；三是造成神经系统损伤，自主神经紊乱等。

"垃圾茶"从外观看，茶叶呈墨黑色，主要是些碎片，里面还掺杂着大量叶梗。"垃圾茶"的一个重要来源是茶场的陈茶翻新时筛下的碎末，实际上就是"下脚料"；还有的是在劣质茶叶中掺上槐树叶、杨树叶，甚至重复使用茉莉花。便宜没好货，好货不便宜，去小餐馆吃饭的时候，如果不想喝到"垃圾茶"，就点白开水吧。

4. 劣质餐巾纸能不用就不用

小餐馆的餐巾纸很多都是用劣质卫生纸、回收纸，经过切割、轧花制成的。一些看似非常白的餐巾纸，往往在加工过程中使用了大量对人体有害的漂白剂，且没有经过严格消毒程序，可能有大肠杆菌、幽门螺旋杆菌，甚至带有痢疾、乙肝等传染病菌、病毒，经常使用这样的餐巾纸会严重危害人体健康。

原木浆制成的优质餐巾纸，纸质净白且不容易撕裂，撕开时裂口边缘有明显的纤维丝，因为木浆纤维很长，不掉毛、不掉粉、不掉色，遇水有一定的强度，表面应洁净，花纹应均匀，手感应细腻柔软。但如果出现了下面的情况则属于劣质餐巾纸：

(1)抖一下纸张，劣质餐巾纸周边有明显的灰尘，因为制作工程重加了大量滑石粉以分离油墨。

(2)劣质餐巾纸很容易撕裂，裂口边缘很光滑，入水容易烂，因为回收再切割的纸纤维短。

(3)劣质餐巾纸表面有明显的洞眼和黑点，说明纸的质量较差。

(4)有色的劣质餐巾纸很容易掉色，颜色发青的餐巾纸说明漂白剂过多。

(5)劣质餐巾纸燃烧后的残留物呈黑色，说明纸中杂质过多。

5.“黑心棉”的湿纸巾不要用

有时小餐馆会提供一次性湿餐巾，但是这些看似干净安全的湿餐巾，有的竟然是用废旧节料甚至医院废弃的药棉等黑心棉制成的，在加工过程中还加入了双氧水、保险粉等工业漂白剂漂白。“黑心棉”湿巾接触皮肤，会对皮肤造成刺激；用来擦嘴，可能病从口入，总之对人体健康有很大危害。所以用之前最好仔细看一下是否是有毒的“黑心棉”湿纸巾。

优质湿巾有一种柔和淡雅的味道，没有任何刺激性气味；劣质湿巾有明显的刺激性气味。优质湿巾是用无纺布制作的，餐巾看上去洁白，没有任何杂质；劣质湿巾的原料很差，可以看到明显的杂质。优质湿巾在使用过程中不会有明显的起毛现象，而劣质湿巾在使用过程中有很明显的起毛现象。如果在使用湿巾的过程中发现上面有发霉的黑点或感到对皮肤有刺激作用，这可能就是黑心棉制作而成，应该立即停止使用，以免造成更大的危害。

6.小心一次性筷子的毒害

小餐厅里习惯使用一次性的餐具，如筷子、餐盒等，但要小心这些东西的危害。一次性筷子往往带有金黄色葡萄球菌、大肠杆菌及肝炎病毒，所以消费者在使用一次性筷子的时候一定要注意。

更可怕的是一次性筷子的制造者把发霉的筷子用双氧水泡或用硫黄

熏,达到让筷子变白的目的,还在筷子抛光的时候加入滑石粉,让筷子变得光滑。这些化学物质加入后好多残留在筷子的表面、渗透到筷子里面,会给人体带来很大的危害。硫黄会对人的呼吸道和胃黏膜产生刺激作用,会造成中毒。工业硫黄里有重金属(如铅)和砷,它们都会对人的肝脏或肾脏造成严重的破坏。滑石粉加入后,量的累计会使人得胆结石。

7. 用剩油做的水煮鱼

一些小餐馆为了节约成本,用剩油或是剩菜上捞起来的泔水油来做需油量大的水煮鱼或是水煮肉,所以,在小餐馆吃饭时一定要小心防范,以免吃到这种有毒的食品。食用油的重复使用必然导致油变黑变浊,消费者可在食用前仔细观察油的状态,通过其透彻程度和基本颜色判断油质优劣。在此观察的基础上,消费者还可以用勺探入锅底轻微搅动,看有没有混浊体或不明沉淀物浮出。如有,则说明油有重复使用的嫌疑。

当然,更好的方法是不点这样的菜,最好的方法当然是不进小餐馆里进餐。

8. 在小餐馆要小心吃到死的小龙虾

夏季,麻辣小龙虾成了很多大排档夜宵的主打。但是食用死的小龙虾制成的麻辣小龙虾容易引起铅中毒。所以,一定要仔细鉴别:

(1)活的小龙虾煮熟后尾部卷曲度高,肉紧;死的小龙虾煮熟后尾部发直,肉通常也比较松。

(2)活的小龙虾的鳃煮熟后呈白色,且形状比较规则,而死的小龙虾的鳃煮熟后颜色发黑,且形状不规则。

第四篇

妥善存放，保障食品储存安全

食品的变质因素往往十分复杂，而贮存不当是导致食品腐败变质的重要因素之一。食品贮存不仅是简单存放食品，更重要的是防止食品腐败变质，保证食品卫生质量。对于家庭食品安全而言，科学、妥善、安全地保存尤为重要。因为家庭食品一般是生鲜食品或是熟食剩菜，若不能妥善储存，极易腐败变质，形成安全隐患，威胁家庭安全。所以，科学、妥当地保存食品，是保障家庭食品安全的又一大重要内容，切不可忽视。

第十九章　各种食品的安全贮存方法

1. 食品贮存方法和原则

贮存食品的方法主要有两种,即低温贮存和常温贮存。

低温贮存:

主要适用于易腐食品(如动物性食品)的贮存。按照低温贮存的温度不同,低温贮存又分为冷藏贮存和冷冻贮存。冷藏贮存指温度在0℃~10℃条件下用冰箱或低温冷库等贮存食品(如:蔬菜、水果、熟食、乳制品等);冷冻贮存指温度在-29℃~0℃条件下,用冷冻冰柜或低温冷库等贮存食品(如:水产品、畜禽制品、速冻食品等)。

常温贮存:

常温贮存主要适用于粮食、食用油、调味品、糖果、瓶装饮料等不易腐败的食品。常温贮存的基本要求是:

(1)贮存场所清洁卫生。

(2)贮存场所阴凉干燥。

(3)无蟑螂、老鼠等虫害。

在购买定型包装食品的时候,应注意产品的外包装上产品标签(或产品说明书)中所标识的产品贮存方法、保质期限等内容,根据产品标签(或说明书)标识的贮存方法进行贮存。散装食品和各类食用农产品应根据各类食品的特点进行贮存。

食品的贮存时间:

生鲜肉营养丰富,但微生物生长繁殖快,加上本身酶的作用,常温下非常容易腐败变质,因此需要低温冷冻贮存,贮存温度一般以-18℃~10℃为宜。但肉品在家用冰箱中冷冻也会发生一些缓慢地变化,使肉品变劣,呈现所谓的“橡皮肉”,因此生鲜肉的冷冻贮存期一般不应超过3个月。

通常,常温下熟食品的存放时间应控制在2小时内;对于经冷藏的食品食用前应彻底加热。另外,还要注意用冰箱贮存食物,冷冻室的食品一般不要超过3个月,冷藏室的食品则不要超过3天,即使保鲜性能较高的冰箱,也不宜超过7天。巧克力、香蕉、荔枝及某些热带水果则不宜在冰箱贮存。

2. 巧克力、糖果的科学贮存

把巧克力放进冰箱的做法不妥。经冷藏后，表面出现糖霜或反霜的巧克力不但会失去原来的醇厚香味和口感，而且细菌可能迅速繁殖，容易发霉变质。食用后，会给健康带来危害。吃剩一半的糖果放进冰箱，很容易滋生细菌。

夏天，如果室温过高，最好先把巧克力用塑料袋密封，再置于冰箱冷藏室中储存。取出时，请勿立即打开，让它慢慢回温，至接近室温时再打开食用。其他季节，巧克力在室温存放即可。糖果只要避免直晒，放在干燥的地方即可。

3. 果汁、碳酸饮料的科学贮存

很多家庭将果汁买回家后，往往不能一下子喝完，就放进冰箱冷藏室里。果汁在这段时间里，主要营养成分已经下降很多，有些甚至完全消失了——在刚榨出来的时候，果汁保存了水果中的营养成分，但其中维生素的化学性质不稳定，会渐渐地分解，失去活性。特别是果汁中的维生素C损失最快。而果味型、可乐型及其他型的碳酸饮料只是用香精配出来的，像橙汁、柠檬汽水等，主要成分为糖，除提供能量外，几乎无其他营养成分。因此，存放于冰箱里也没有什么营养成分丢失可言。

储存时要尽量选择出厂不久的果汁产品，买回家后要及时喝完，不能长存，特别是开封之后。山楂汁、柑橘汁、葡萄汁等打开之后，在冰箱里存放最多3～5日。

4. 酱料、咸菜的科学贮存

辣椒酱、豆瓣酱、蒜蓉酱等酱料和咸菜开启后，酱料和咸菜若大面积接触空气和水分，很容易发生化学变化，而将酱料、咸菜放置在冰箱冷藏室里能延缓这种化学变化的发生时间，从这个角度说，酱料和咸菜放冰箱里是好的。但是冷藏时要注意防止霉菌、酵母菌的污染，例如霉菌污染使得酱类发霉“长毛”，高渗酵母菌可导致其腐败变质。

储存时最好在开启后的酱料或吃剩的咸菜罐头开口处，用保鲜膜密封好，放入冰箱可储藏一两周，食用时刮去上面一层即可。

5. 面包、糕点的科学贮存

面包放在冰箱冷藏室中比放在室温中变硬的速度快，所以，如果短时间存放，应将面包放在室温下，防止面包变硬。饼干无需放进冰箱。冷藏后的饼干置于常温下变得易受潮，不但会失去原来的口味，而且可能会给健康带来危害。

储存方法：

(1)奶油蛋糕要及时食用，当无法食用完入冰箱冷藏时，应放入合适的带盖容器中，或放入敞口容器用保鲜膜密封好，防止水分蒸发和污染。

(2)面包不要长期存放，更不应入冰箱冷藏保存，因为冰箱冷藏室温度为2℃～5℃，这是面包老化速度最快的温度。面包老化后，口味变差，组织变硬，易掉渣，香味消失，口感粗糙，消化吸收率降低。

(3)饼干的保藏应注意防潮、隔离氧气、避光密封保存。饼干打开后一次未食用完，要将口密封或扎紧，不要放在潮湿或阳光直射的地方保存。

6. 蔬菜的保鲜和贮存

“吃蔬菜就要图新鲜”，这是咱们挑选蔬菜的原则。不新鲜的蔬菜，难免营养价值下降，口感风味变差，甚至有害物质增多。不吃不新鲜的蔬菜，听上去简单，但做起来并不容易，它涉及选购、贮存等环节，每个环节都有不少技巧。

蔬菜从采摘下来，经过运输等一系列过程，才来到咱们老百姓面前，虽然不鲜活，但事实上它们也是在进行着新陈代谢。

一般情况下，可以通过色泽、弹性、水分等来判别。韭菜的新鲜与否，关键看切口，尤其是气温较高的季节。韭菜刚割下不久，切口应该是平的，时间久了，因为它还在生长，当中的嫩叶长得快，外层长得慢，就成为宝塔状了。卷心菜如果中心柱开始生长，说明已采收多日了。菜豆失水是从“嘴部”开始的，出现萎缩等现象，通过浸水等处理，一般也难以恢复。豆类变得不新鲜时，还会出现“鼓粒”现象。新鲜丝瓜全身白色茸毛完整无缺，通体硬实。

新鲜蔬菜买回家后，也需妥善处理，否则也会导致营养流失。比如，芹菜买回来后，最好把叶子摘下，以免叶子继续吸收养分，把茎部营养转移走。另外，尽可能用密封保存，也会减少水分的流失，从而保证一定的新鲜度。

食物加工得越细碎，营养素损失越大。有研究发现，土豆泥中只保留9%的维生素B、维生素C和叶酸的保留率低于50%，而土豆片中的维生素B的保留率为63%，维生素C和叶酸超过50%。究其原因，可能是食物切割越彻底，与空气接触或受光面积越大，维生素C和B族维生素的损失也越多。

尽可能不要过早把蔬菜去皮，因为过早去皮会加重维生素流失。烹饪时，不论采取何种烹调方法，带皮的蔬菜总比去皮的保留更多维生素，如根茎类蔬菜去皮后煮会损失40%的维生素C，不去皮只损失20%～30%。这可能与蔬菜皮对维生素具有一定的保护作用，或与多种维生素存在于表皮中有关。

7. 干果干菜的贮存

干菜、干果最好贮存在相对湿度65%以下的环境中。在这样的环境条件下，采用不透气的塑料、铝箔等复合膜密封包装，就可以不受环境限制，保持长久不变质。因此，家中剩余的干菜干果可放置于密封袋或密封的盒子里保存。

8. 肉类的贮存

冷却肉品(鲜肉)的贮藏:冷却是将刚屠宰后的胴体挂在冷却室,使内部温度达到0℃～4℃。这样可减弱酶的活性,延缓微生物的繁殖,减少水分蒸发,保持肉鲜红色泽,达到肉的成熟。处于此低温状态下,一般肉类的贮藏期为7～14天。

冷冻肉品(冻肉)的贮藏:经冷冻的肉类一般放置在－18℃以下,牛羊肉可储存12个月,猪肉可储存6～8个月。

9. 蛋类的贮存及卫生要求

(1)避免碰撞、挤压,保持蛋壳完整、无破损。

(2)尽量减少蛋内水分的蒸发,保持环境湿度为85%～88%,抑制蛋内酶的活性,以保持蛋原有的理化特性,保持蛋品的温度以1℃～3℃为宜,并应尽量减少温度的波动,避免蛋品“出汗”,增加污染的机会。

(3)存储蛋类的环境要干净卫生,防止微生物的污染和侵入。

(4)抑制蛋内和蛋上的微生物繁殖。

(5)储存时远离化学污染物及有刺激气味的食品,如姜、葱、鱼等。

(6)鲜蛋不要横放。鲜蛋长时间横放贮存容易影响质量。由于鲜蛋的蛋白是浓稠的,随着贮存时间的延长和温度的变化,蛋白中的黏液会逐渐脱水,使蛋白变稀,失去固定蛋黄的功能,此时将蛋横放,由于蛋黄比重小于蛋白,蛋黄容易上浮,从而形成贴皮蛋。鲜蛋大头一端为气室,因此家中贮存鲜蛋应大头向上,直立贮存。

10. 水产品的储存及保鲜

水产类保鲜可用冷藏、冷冻和盐腌的方法来抑制组织蛋白酶的活性和微生物的生长繁殖，以延长其僵直和自溶期。

(1)冷却保鲜：水产类的冷却是将水产的温度降低到液汁的冰点。鱼液汁的冰点在－0.5℃～－2℃，冷却有利于鱼体鲜度的保持，但不能长期保持鱼体固有的形状。在冷库，水产加冰后，在－1℃～－3℃、相对湿度90%～100% 的条件下，可储存10天左右。

(2)冻结保鲜：水产冻结保鲜是目前最佳的保藏手段，使水产温度在－40℃～－25℃的温度环境中冷冻，此温度下水产组织酶和微生物均处于休眠状态，保存期可达6个月以上，脂肪含量较高的鱼如鲐鱼、鲅鱼、鲥鱼更不宜久贮存。

(3)脱水盐腌保鲜：干制加工属于脱水性措施，目的在于减少水产所含水分，使细菌得不到繁殖所必需的水分。使用食盐量不低于15%，鲣、鲐鱼用盐量在20%～30%。

鱼有淡水鱼和海水鱼之分，市场供应的淡水鱼一般都是活的，而海水鱼以冻的多。放入电冰箱贮藏的鱼，质量一定要好，新鲜硬结，解冻后就不宜再放入冷冻室作长期贮藏。

对于鲜鱼，则应先去掉内脏、鳞，洗净沥干后，分成小段，分别用保鲜袋或塑料食品袋包装好，以防干燥和腥味扩散，然后再入冷藏室或冷冻室；冻鱼经包装后可直接贮入冷冻室。与肉类食品一样，必须采取速冻。

熟的鱼类食品与咸鱼必须用保鲜袋或塑料食品袋密封后放入冰箱内，咸鱼一般贮于冷藏室内。

冷冻新鲜的河虾或海虾，可先将虾用水洗净后，放入金属盒中，注入冷水，将虾浸没，再放入冷冻室内冻结。待冻结后将金属盒取出，在外面稍放一会儿，倒出冻结的虾块，再用保鲜袋或塑料食品袋密封包装，放入冷冻室内贮藏。

11. 食用油的储藏和保存

油类储存不当很容易发生氧化酸败，使得油脂失去营养价值，甚至不能食用。油脂储存须注意四方面：

(1)油类尽量避光存放，可以使用深色或棕色的瓶子存放，一定不要放在阳光下直射。使用棕色瓶贮存食用油,食用油发生酸败的时间比用白色瓶贮存的约可延缓50%。

(2)油类要低温储存,储存温度过高,可加速微生物的生长繁殖和酶类的活力,促进油脂氧化酸败。

(3)保证油脂的纯度,尽可能减少残渣混入油中。

(4)存放食用油的容器一定要干燥,防止有水分混入,造成油脂酸败。

第二十章 剩菜剩饭注意卫生,妥善保存

1. 剩余食品的合理处置

居家过日子,免不了有剩饭、剩菜。有了剩饭、剩菜,怎样处理才不至于发生食物中毒?

处理好剩饭是很重要的。当然,最好是不剩饭,按人量米下锅。如果已经剩了,应松散开,放在通风、阴凉和干净的地方,避免污染。等到放凉后,放入冰箱冷藏。吃剩饭前一定要彻底加热,一般加热100℃,20分钟即可。剩下的汤菜、炖菜和炒菜等,必须先烧开,装在有盖的容器内,放凉后,放入冰箱中冷藏;吃时还要烧开热透。剩下凉拌菜,酱、卤肉类时应立即放入冷藏或冷冻室,下次吃时一定要回锅加热,或者改制,如做汤、炖菜,加点新鲜蔬菜,变成一道新菜,别有风味。

2. 24小时之内吃完剩菜

剩饭菜放置的时间越短,其细菌繁殖的机会就越低,细菌释放的毒素也越少。因此,应该减少剩饭菜储存的时间,尽快把它们消灭掉。

"最好是把早上剩的中午吃,中午剩的晚上吃。"广东岭南职业技术学院医学营养专业李秋美国家高级营养师说,剩饭菜最好在6小时内吃完。如果在冰箱保存,时间可适当延长,但冷藏温度常为4℃～8℃,一般不能杀灭微生物,所以熟的剩饭剩菜保存一般不宜超过24小时。

剩菜一定要与生食物分开储存,并用干净密闭的容器储存剩菜。因为在不同食品中,微生物的生长速度也不同,分开储存可避免交叉污染。存储时,剩饭菜必须待凉后放入冰箱保存。因为热的食物在低温的环境下,热气会引起水蒸气凝结,促进微生物的生长繁殖,从而"株连"整个冰箱内食物的霉变。同时,热的食物放进冰箱也比较耗电。

另外,剩饭菜不宜用铝制器皿盛放。因为铝在空气中易被氧化表面生成氧化铝薄膜。像咸制品、汤水置于铝制器皿中会产生化学变化,生成铝的化合物,会破坏人体正常的钙磷比例,影响人体的骨骼、牙齿的生长发育和新陈代谢。专家建议,用清洁的瓷器盛放后再用保鲜膜包上放进冰箱。

最后,专家还提醒,如果饭菜剩得较多,应避免把食物翻动太多,因为翻动越多与空气中的细菌接触面就越大,更易使食物变质和营养物质严重损失。

3. 叶类蔬菜不宜隔夜,只能扔掉

蔬菜的主要功能之一是提供维生素,而维生素(特别是维生素 C 等水溶性维生素)很容易在空气中氧化,或随烹调过程或汤汁流失。隔夜蔬菜存放时间过久,如果再经过反复加热,维生素会流失得更多,也就是说,隔夜的蔬菜已经没什么营养价值了。

更严重的是,隔夜蔬菜亚硝酸盐的含量较高,亚硝酸盐在人体可转化成亚硝胺,后者是致癌物质,加热也不能去除。

由此可见,蔬菜最好是一次性吃完,不要剩下。那种怕浪费而经常吃隔夜蔬菜的"节俭"得不偿失,先不说致癌,经常吃剩菜也会出现胃肠道的不良反应。

为了防止剩下的蔬菜,在就餐时先吃茎叶类蔬菜(如生菜、菠菜),因为茎叶类蔬菜亚硝酸盐含量最高,最好不要剩;根茎类蔬菜(如胡萝卜、竹笋)和花菜类蔬菜(如花椰菜、西兰花)亚硝酸盐含量居中;瓜类蔬菜(如丝瓜、黄瓜、苦瓜)硝酸盐含量稍低。

4. 打包剩菜的存放方法

随着物质生活的提高和生活节奏的不断加快,人们在外吃饭的时候越来越多。而且随着节俭意识的增强,"打包"这一良好的习惯越来越流行了。但打包回去的食品在储存和食用时要注意哪些事项呢?

(1)剩菜一定分开储存:剩菜一定要分开储存,最好用干净密闭的容器。因为在不同食品中微生物的生长速度不一样,将它们分开储存可以避免交叉污染。

另外，打包的食物需凉透后再放入冰箱，因为热食物突然进入低温环境当中，食物中心容易发生质变，而且食物带入的热气会引起水蒸气的凝结，促使霉菌生长，从而导致整个冰箱内食物的霉变。

(2)打包食物必须回锅：冰箱中存放的食物取出后必须回锅。这是因为冰箱的温度只能抑制细菌繁殖，不能彻底杀灭它们。如果食用前没有加热的话，食用后就会造成不适，如痢疾或者腹泻。在回锅加热以前可以通过感官判断一下食品是否变质，如果感觉有异常，千万不要再食用。加热时要使食物的中心温度至少达到70℃。

(3)剩菜保存时间不宜过长：剩菜的存放时间以不隔餐为宜，早上剩的菜中午吃，中午剩的菜晚上吃，最好能在5～6个小时内吃掉它。因为在一般情况下，通过100℃的高温加热，几分钟内是可以杀灭大部分致病菌的。但是，如果食物存放的时间过长，食物中的细菌就会释放出化学性毒素，加热对这些毒素就无能为力了。

(4)凉菜不宜打包：因为凉菜在制作过程中没有经过加热，很容易染上细菌，自己保存不当很容易造成食物中毒，因此凉菜尽量当餐吃完。

除了上述需要注意的问题外，根据打包回来的食物不同，加热时也有一些需要注意的地方。像鱼加热四五分钟就可以，但是肉加热时最好放点醋。

5.家庭冰箱保存食品应注意的问题

1.冰箱的冷藏室内温度约为5℃，可分层冷藏生、熟食品，存放期限不要超过一星期，冷藏室里存放剩饭、剩菜不要超过一天。

2.冰箱内贮存的食品要生熟分开，要用保鲜袋将食品包密实后，分层存放；食品不宜过多过挤，要有冷气对流空隙，以利保持温度均匀。

3.热的食物要放凉后才能放入冰箱内，否则会影响其他食品的品味，且会增大耗电量。

4冰淇淋、鱼等动物脂类食品应贮放在冷冻室(器)内，不要放在门搁架和近门口部位，因为该处温度较高。

5. 冷冻室内温度约－18℃可存放新鲜的或已冻结的肉类、鱼类、家禽类，也可存放已烹调好的食品，存放期不要超过3个月。冷冻室(器)内不能贮放啤酒、桔子汁、水等液体饮料，否则会冻结而爆裂。

6. 忌放进冰箱保存的食物

(1)**香蕉**：香蕉放在12℃以下的地方储存，会使香蕉发黑，腐烂变质。

(2)**鲜荔枝**：将鲜荔枝在0℃的环境中放置一天，即会使之表皮变黑、果肉变味。

(3)**西红柿**：西红柿低温冷冻后，表面出现黑斑，肉质呈水泡状，软烂或散裂，无鲜味，煮不熟，甚至酸败腐烂。

(4)**黄瓜**：放置在0℃的环境中，只要3天，表皮就会起泡，瓜味变淡，瓜质变软，难以煮熟，营养成分大部分损失。

(5)**火腿**：如将火腿放入冰箱低温储存，其中的水分就会结冰，脂肪析出，腿肉结块或松散，肉质变味，极易腐败。

(6)**松花蛋**：松花蛋若经冷冻，水分会逐渐结冰。待拿出来吃时，冰逐渐融化，其胶状体会变成蜂窝状，改变了松花蛋原有的风味，降低了食用价值。

(7)**腌制品**：如果腌制品放入冰箱保存，尤其是含脂肪高的肉类腌制品，因温度较低，而腌制品残留的水分极易结成冰，这样就促进了脂肪的氧化，而且这种氧化作用具有自催化性质，氧化的速度加快，脂肪会很快酸败，致使腌制品有哈喇，质量明显下降。

(8)**巧克力**：巧克力在冰箱中冷存后，一旦取出，在室温条件下即会在其表面结出一层白霜，极易发霉变质，失去原味。

第五篇

远离事故，积极参与食品安全防范

食品安全链条长、环节多,是一个需要全社会共同参与、共同防范的复杂而系统的工程。所以,仅仅寄望于政府和执法部门,是不可能完全杜绝食品安全隐患的。家庭食品安全作为食品安全链上最重要也是最后的一道关键环节,对于食品安全的作用至关重要。只有每一个消费者都发挥出自己应有的作用,为食品安全系统工程尽到自己的一份责任,才能真正启动全民防范的食品安全防护机制,保障食品安全。

第二十一章　积极参与,为食品安全尽自己的一份力

1. 食品安全需要全社会的积极参与

食品安全直接关系着每一个人的生命安全。“民以食为天，食以安为先”。食品是人类生存的必需品，食品安全事关每个人的切身利益。对食品安全的监督，不但需要政府监管机构的重视，而且需要民众的普遍参与。保障食品安全需要他律，更需要自律。要让我们吃得安心，吃得放心，必须人人参与其中，通过法律制度的完善，食品安全意识的培养以及市民素质的提升来保障我们每一个人合法权益和生命健康不受损害。仅仅靠几个部门、几个执法人员是不可能真正全面地做好食品安全工作的。究竟怎样吃才能保证我们吃得安全，究竟怎样做才能保证我们远离食品安全事故？这不仅仅是政府的责任，监管部门的责任，也是我们每一个消费者的责任，我们要对自己的食品安全负责，就需要积极地投入到食品安全的监管和围剿中去。只有全员参与才能建立起全民机制，真正把食品安全落到实处。

第一，食品生产经营者作为食品安全的第一责任人，应当增强诚信意识、加强自律，食品安全才能从源头得到保障。频发的“地沟油”、“染色馒头”等食品安全事件，一方面揭示了部分生产经营者在利益的驱使下，诚信缺失、道德滑坡，为了以最低的成本寻求最大的经济利益。另一方面，也暴露了这些生产经营者思想认识的狭隘。他们认为，不吃自己生产的食品，就不会损害自己的健康。但作为一个社会人，身处社会这个巨大的交互系统，他们是某种食品的生产者，其实也是其他食品的消费者。即使侥幸躲过了自己生产的问题食品，但难免不会遇上“其他”的问题食品。食品安全问题是重大的社会问题，并非你不吃自家的食品就可以独善其身的。所以，除了政府及相关部门的严厉打击和严格执法外，作为食品安全源头的生产经营者，更应当严格自律，才能为食品安全构起第一道屏障。

第二，政府及食品安全管理部门，一定要负起监督管理的责任。食品安全是重大的民生问题，关系到人民群众的身心健康和生命安全，关系到经济发展和社会稳定。建立健全机制，加强行业监管，提升公众对食品消费的信心，政府相关监管部门有义不容辞的责任。近年来我国政府对食品安全问题高度重视，各级政府都大大加强了食品安全的监管和执法力度，形成了一级抓一级、层层抓落实、各部门齐抓共管的工作格局。特别是针对“地沟油”、“食品添加剂”、“乳制品”、米面油、果蔬、餐饮行业、加工行业的专项检查，对促进食品安全起到了重要的作用。食品生产加工企业、超市、饭店、工地和学校食堂，无论是食品加工环节，食品流通环节，还是食品消费环节，每个流程都有专门的部门进行监管。严密的监管制度为食品安全构筑了第二道屏障。

第三，作为消费者，是食品安全的最后一道关口，也是最终食品安全的承担者，所以，消费者不能有事不关己的态度，而应积极地参与其中，加强食品安全常识的学习，提升食品安全危机观念，增强自我防护意识，为自己的健康和安全把好最后一道关。发现有制假售假、违反食品安全法行为，哪怕没有危害到自己，也应当及时举报。

食品安全事关人人，因而人人有责。面对目前严峻的食品安全形势，食品生产者、消费者、监管部门都应该积极行动起来，每一个部门、每一个人都承担起自己应尽的社会责任，才能共同筑起一道保障食品安全的防护墙，共同打赢保障食品安全的攻坚战。

2. 每一个消费者都要为食品安全出一份力

消费者作为参与食品安全的重要主体，其作用往往被忽视，单纯作为食品安全问题的被动承受者。其实作为市场活动的重要参与者和食品安全的最终承受者，消费者对于食品安全应当是最敏感、最有权利发出声音的群体。但由于食品安全意识较低、自我保护能力低下、维权意识不强，间接造成了违法食品有市场需求、违法者有生存空间的状况。

现在，油炸食品中的丙烯酰胺、面粉中的过氧化苯甲酰、牛奶中的三聚氰胺、猪肉中的俗称瘦肉精，还有最近在多种食品、药品中被查出的俗称塑化剂、硫黄、吊白块、苏丹红、孔雀石绿……这些对普通人来说原本非常陌生的专业名词，如今全国人民都耳熟能详。就因为各种各样的食品安全事件给全民来了无数次的“化学普及课”，正如 2008 年“三鹿”事件发生后网络上调侃食品安全的说法一样“中国人在食品安全问题中完成了化学扫盲”：

从大米里我们认识了石蜡
从火腿里我们认识了敌敌畏
从咸鸭蛋、辣椒酱里我们认识了苏丹红
从火锅里我们认识了福尔马林
从银耳、蜜枣里我们认识了硫黄
从木耳中认识了硫酸铜
而三鹿事件又让同胞知道了三聚氰胺的化学作用

但是，如果我们仔细追寻这些名词所代表的一个个食品安全事件，除了谴责黑心商家，抱怨政府，作为消费者也是受害者的我们，为食品安全做了什么？

可能大多数人除了被动地等待、愤怒地抱怨，什么也没有做。但实际上，作为消费者，我们可以为自己的食品安全做出很多！

比如，我们在路边常常可以看到，在有一些既没有监管单位发放的证照也存在着明显的食品卫生隐患的小吃摊旁，里三层外三层围满了消费者，这些消费者为了图方便、图便宜，不去正规餐馆、菜市场、超市去消费，这无疑给一些不法商贩提供了机会。这些小摊贩通常在楼群里巷穿梭、流动性强、监管难度大，光靠政府、靠执法部门来监管，势必会有一些漏洞，这就需要消费者对自己的饮食健康负责，不要去购买违法摊贩、无证无照餐馆等非法经营食品商家的产品，断绝违法违规餐饮企业生存的土壤。当发现无证无照小食品加工作坊时，可以主动向监管部门举报，让这些有害劣质食品没有藏身之处，成为过街老鼠，从而将他们全面消灭。

客观地说，面对近年来食品安全问题的层出不穷，政府已经拿出了最大决心和坚决的行动，不但加强了立法，同时，质量技术监督、工商行政管理、卫生、食品药品监督管理等所有的监管职能部门，也都加强了日常监督检查和对违法行为查处。但食品安全监管链条过长长、环节太多，就比如一个馒头，毫不起眼，但是种子从种下地，到打农药、用化肥，再到收获、贮存、加工、再加工，经过多少次的加工之后才能变成一个馒头？这么漫长的过程，仅仅寄希望于政府高密度、运动式的监督，显然存在缺失。唯有在现有法治环境下寻求长效的防范机制，才是从源头上解决食品安全问题的必由之路。这其中，消费者作为食品安全最大也是最后的防范堤，有着巨大的作用。

因为真正与食品安全关系最密切的还是每一位消费者。在构成市场自我调节机制的买卖双方中，消费者作为市场的一方主体，须具备法律意义上的消费能力，例如，对产品的品质、价格和服务，有一定的鉴别力和必要的警觉，能够积极履行提出质疑和投诉的义务。对不安全的食品，该拒绝购买就拒绝购买，该保留证据就保留证据，该索赔就坚决索赔，该举报就及时举报，该报警就果断报警……人人都主动发挥自己市场法治主体的作用，通过履行每个消费者都应尽的义务来捍卫自己的权利，才能改善市场的法治环境，最终保障自己的食品安全。

3. 提高食品安全认知能力，走出食品安全认识的误区

树立科学的食品安全观，懂得食品安全知识，走出一些认知误区，弄清一些模糊的概念，提高食品安全的认知能力，对于保障家庭的食品安全无疑是很有作用的。

(1)要有正确的食品安全观念

食品安全问题包括“食品安全性”和“对食品的安全感”两个方面，前者是客观的，可以科学测定和评价，后者是主观的，往往由心理因素决定。

如在公众的饮食习惯中，过分强调色香味俱全，重视视觉、味觉、口感，使得一些非法食品添加剂有了用武之地，如“染色馒头”、催熟剂、非法膨松剂等。因此，在日常饮食购物中，消费者应当转变观念，把营养、健康作为标准，提高辨别食品优劣的能力，不为食品的色泽、形状所惑，不人云亦云，追随潮流，盲目追求食品的精、细、美观。对有机食品、绿色食品以及一些打着各种理念的新兴食品，也应当仔细鉴别，不要盲目追捧，给不法商贩胡作非为以可乘之机。

当然，正确的食品安全观念不是让我们怀疑一切，陷入一种“什么食品都有毒有害”、“什么东西都不敢吃”的怪圈之中，特别是没有必要对于

媒体的报道过分认真。媒体对对食品安全起着一定的监督作用,但有些媒体为了吸引读者的眼球,以期达到轰动效应,对事件进行过度渲染和炒作,甚至把一些个案或是孤例也作为普遍的案例来讨论,耸人听闻,导致了消费者更多的迷惑和恐慌。

事实上,随着经济的发展和社会的进步,尤其是经过政府对食品行业的综合整治,我国的食品安全形势已有明显好转。市场上绝大部分食品是安全的,可以放心食用。我国人均预期寿命的提高和平均身高的增加这两个事实就足以证明了这一点。所以我们要理性地看待媒体的曝光。没有必要把媒体报道的所有事例都太当真而担忧,一棍子打死,对任何市场上的食品都产生怀疑,那样的话,我们只有什么都不吃才能安全了。但那显然是不可能的。所以要多学习食品安全知识,认真鉴别,区别对待,提高警惕,树立科学的食品安全观念,才能真正吃得健康,也吃得安全。

(2)食品安全并非完全不含有害成分。食品安全是指一种食物或是成分在合理食用方式和正常食用量的情况下不会导致对健康损害的实际确定性。食品安全并不意味着食品中不存在有害成分,而是说有害成分的含量没有达到造成人体健康危害的水平。要做到食品中不含任何有害成分在现阶段既不可能,也没有必要。食品安全涵盖着食品卫生、食品质量、食品营养等方面的内容。

(3)食品添加剂不等于非法添加物。食品添加剂其实并非洪水猛兽,没有必要"谈剂色变"。其实食品添加剂是现代食品工业的基础之一,可以说没有食品添加剂就没有现代食品工业。因此食品添加剂并非越少越好,也不是不用就好,而是要区分食品添加剂和非法添加物这两个完全不同的概念,区分合理使用和违规滥用或是超量超范围使用的界限,坚决杜绝滥用添加剂。那些极少量添加、而且已经科学证实在些剂量范围内对身体健康无危害的添剂,我们其实不用担心,尽可放心大胆地选购的。只有那些超过规定剂量、或是添加范围不合格以及黑心商贩非法将非食品添加剂添加到食品中去的食品,才是非曲直其实那些已经发现的非法添加的如苏丹红、孔雀石绿、吊白块等食品安全事故,是国家明令禁止的,是严重的违法犯罪行为,与食品添加剂一点关系没有。

(4)纯天然或野生食品不等于安全食品。一些消费者总认为纯天然或是野生的,就一定是安全的食品。而许多生产商为了迎合消费者的这种消费心理，大打100%纯天然的招牌，其实，在食品生产过程中很难做到不使用任何食品添加剂，是否纯天然是否野生，更不是食品有无毒性是否安全的评判依据。就比如说天然的野生有毒蘑菇，它是绝对天然的，野生的，没有经过人工加工过的，但它是不安全的，有毒的。相反，一些有纯天然的有毒的食物经过加工后会变成对人体有利的、无毒的美味食品，如野生的蕨菜含有较强的致癌成分，生木耳、鲜黄花菜本身也含有毒素，但加工后就安全了。

现代生活中纯天然的食品很少，人类正是依靠先进的加工技术，使得许多不可食用的纯天然特质转变成了优质安全的食品，我们要杜绝的只是危及食品安全的错误加工方法和有害的添加剂，而不是反对加工。

其实食品添加剂，尤其是化学食品添加剂大都经过了严格的实验和审批，其安全性得到了有效的保障。而许多所谓的纯天然的食品往往未经过严密的安全评价，只是传统上被使用或心理认可，其潜在的危险却不得而知。

(5)含有不等于超标更不等于不安全。一是一种食物的安全性，一种成分的毒性大小，取决于剂量，这是食品安全科学和毒理学上经典的"剂量决定毒性"的概念。任何东西，只有达到一定的剂量，它才会产生毒性，发生作用。二是食用或接触该物质时间的长短。只有达到一定的危害含量和持续一定的时间，才会对人体健康产生危害。反之即使是人体必需的营养素，过量食用同样会危害健康。如蛋白质、盐、维生素，甚至水。所以，只要食品中添加剂是适量的，不足以造成人体危害的，那么这种食品就是安全的。

4. 树立正确的食品消费观，提高自我防范能力

食品安全是一个涉及社会多方面的严峻的社会问题。作为消费者，我们要对自己的健康负责，就必须要明白食品安全的主要危害方面，提高自我的防范能力。要做到以下方面：

(1)不购买"裸露"或散装的食物。裸露和散装的食物容易受到流通环节的二次污染，并且没有食品安全的相关信息，消费者的权益无法保

证。尤其一些直接食用的熟食制品,潜在的危害性更大。

(2)选择原形、原色的食品。对一些色泽不正常的食品,如特别鲜红的辣椒酱,雪白的面粉或面条、馒头、光泽透亮的大米、特别大的水果等,要特别注意识别和防范。这些东西有可能会是添加了一些非法添加物或生长激素的。

(3)不吃或少吃生鲜水产品或其他动物性食品。在生鲜水产品和动物性肉类中难免会带有食源性寄生虫和人畜共患的致病源。如"福寿螺中毒"事件就是生食造成的。

(4)最好食用带皮的水果或蔬菜,否则就需要充分漂洗。果蔬的农药残留是现阶段食品安全的重大危害因素。病虫害的抗药性越来越高,农药的毒性越来越大,使用面越来越广,并且所以要加强自我防护,多选购带皮的水果蔬菜,食用前可以将外皮去掉,否则需要多次漂洗,最大限度地减少农药的残留对身体的伤害。

(5)选购大型食品工业企业生产的品牌食品。

(6)注意查看食品标签。标签上一般注有食品名称,配料表、净含量及固形物质含量、制造者、经销者的名称和地址、生产日期标志、贮存指南、质量等级、产品标准号等 7 个方面的内容。有一些特殊的如质量标志、无公害食品、绿色食品、有机食品都会在食品标签上标明。

QS 标志。 QS 是英文 Quality Safety(食品安全)的缩写。拥有此种标识,表示该食品的生产加工企业经过了国家的审查,食品各项指标均符合国家有关标准的要求。所有 QS 号码均由 12 位数字组成,消费者可上国家质检总局网站查询,将 QS 码输入,看是否和企业产品相对应,可以立即辨别真假。

无公害农产品。 拥有此种标识,说明这类产品生产过程中允许限量、限品种、限时间地使用人工合成的安全化学农药、兽药、渔药、肥料、饲料添加剂等。它可以保证人们对食品质量安全最基本的需要。

绿色食品。 绿色食品并非简单指"绿颜色"的食品,而是特指无污染的安全、优质、营养类食品。选购时要注意,只有包装上同时带有图标和以"LB"开头的编号才称得上真正的绿色食品,否则便是假冒的。

有机食品。 有机食品这一名词是从英文 Organic Food 直译过来的,是指来自于有机农业生产体系,不使用化学合成的农药、化肥、生长调节剂、饲料添加剂等物质,根据国际有机农业生产规范生产加工,并通过独立的有机食品认证机构认证的农副产品。

当然,拥有这些标识的产品,通常都是拥有自主品牌的产品。现在,在食品加工的各行各业都已形成了一些叫得响的品牌。面对来之不易的取得百姓信任的品牌,企业自然倍加珍惜,从而严格控制产品的质量。同时,这些大企业还随时接受着国家和消费者的监督。因此,相信、购买品牌食品,食品安全较有保障。

(7)养成良好的饮食和生活习惯。平时注意营养均衡,做到不挑食不偏食,不暴饮暴食,定时定量,科学烹调,慎食烧烤和油炸食品。

有的人不吃一切看起来“危险”的食品,这种行为同样危险。因为这种对食物安全的恐慌,有可能带来膳食营养质量的下降。有些人因为害怕农药不敢吃绿叶蔬菜,因为害怕苏丹红不敢吃蛋类,因为害怕抗生素不敢喝牛奶……而这些食品正是人体营养素最重要的来源。长期营养不均衡给人体带来的风险,超过偶尔吃一个含有苏丹红的鸭蛋。树立饮食多样化原则,自然会减少单种食物的摄入量,在安全剂量下,身体的安全防线就不会被突破。总之,什么都吃、什么都不要多吃,不但可以做到营养均衡,也能有效避免“危险”食品带来的侵害。

5. 敢于维权,保护自身的安全权益

食品安全问题年年谈,但年年都有重大案件发生,这说明仅靠制定一部法律、出台一些标准,并不能彻底解决食品安全问题。作为食品安全最大的利益相关方,消费者同样需要勇敢地站出来,提高自防自护意识,加大维权意识和力度,切实保护自身的安全权益不受侵害,才能更加促进食品安全的全面实现。

但是在我国,很多消费者仍然缺乏维权意识,很多消费者贪图便宜,心甘情愿地买假货、伪货、不合格的产品,这也在一定程度上纵容了制假造假行为。当自身利益受到侵害时,还有更多的消费者往往因不知道如何维权或感到“心有余力不足”而选择沉默,这当然也会在无形之中为黑心商贩的疯狂行为提供了帮助。还有一些消费者认为食品安全是政府的

事,自己没有什么用处,就习惯了“事不关己,高高挂起”,遇到食品安全问题,也不举报,不投诉,不管不问,算自己倒霉,吃点亏算了。这些其实都是在纵容食品安全违法行为,是对自己的健康和安全不负责任,充当了食品安全违法犯罪行为的“帮凶”。

我们可以反思一下自己,观察一下我们的周围:当遭遇食品安全问题时,我们采取过什么行动?例如,用肉眼看来都相当明显有问题的食品,我们拒绝“便宜”了吗?我们有保留作为举证、鉴定、索赔依据的购物票据的习惯吗?因发现买回家的食品有问题时都返回去交涉了还是因为怕“麻烦”而甘愿自己吃点亏算了呢?每一个人都可以自问一句:我为自己的食品安全做出过什么样的努力?作为受害人向应当承担责任的食品生产经营者提起过民事赔偿诉讼吗?对不符合安全标准的食品,有多少次我们要求过要求赔偿损失?对不符合安全标准的食品,我们可以向生产者或者销售者要求赔偿损失之外还可以要求支付价款十倍的赔偿金,这条规定,你都知道吗?对大多数知名的食品安全事件,不仅是消费过程中因质量问题而引起的民事纠纷,而是构成危害公共安全的犯罪行为,这样的法律概念,我们有没有?

还有,在平常买菜、进餐馆吃饭的时候,对于不安全的食品生产和加工行为,你举报过没有?对于侵害你的合法权益的食品问题,你举报过几次?

作为消费者,一定要提高食品安全的警惕性,积极举报食品违法违纪行为,坚决抵制假冒伪劣食品,使质量低下、假冒伪劣的食品没有人去买,才能从消费源头上彻底消灭有毒有害食品的市场,堵住有毒有害食品的通道,维护食品安全。凡是看到有违法违规生产、加工、经营和销售食品的行为,不管有没有危害到我们,一定要敢于举报,积极举报,配合和协助执法部门净化我们的食品安全环境,打掉食品安全的隐患;如果涉及到我们自身的利益,要敢于投诉,敢于维护自己的权益,不要怕麻烦而“打落牙齿和血吞”,忍气吞声,不发一言,这不仅损害了我们自己的权益,也放纵了黑心商贩的违法犯罪行为。

消费者发现食品安全违法行为,要积极举报,这不仅有利于消费者个人合法权利的维护,也有利于对食品安全问题的监督和市场经济秩序、食品安全环境的整顿,对维护我们的食品安全卫生环境,无疑作用巨大。

第二十二章　提高警惕,从食品安全事故中学会保护自己

1. 食品安全事故层出不穷

民以食为天。食品的数量和质量都关系到人的生存和身体健康。随着经济的发展和各种食品生产、加工技术的进步,当前我国食品供给品种丰富,数量充足,各种各样的食品应有尽有。然而,食品的质量却远非数量和品种那样令人欣喜和满足。各种各样的食品安全问题让我们在食物极其丰富的今天,反倒陷入了不知吃什么才安全的恐慌。

随着经济日益全球化和国际食品贸易的日益扩大,危及人类健康、生命安全的重大食品安全事件屡屡发生,令人防不胜防;各种新的种植技术、新的加工技术、新的添加技术、新的基因改良技术以及一切新的其他的技术都在显性或是隐性地影响着食品的品质,改变着现代食品的安全环境和安全系数。如环境恶化导致农牧渔产品受到污染的危害,转基因食品存在着严重的潜在危害,各种农药及生长剂的滥用引发的食物残留危害,各种食品添加剂的危害,不良商贩非法加工、制作甚至掺杂使假影响食品品质的危害……等等,都在不知不觉地成为各种各样的食品安全事故发生的温床,导致各种重大的食品安全事故接二连三地发生。细数近年来发生的重大食品安全事故和引发的严重后果,无不触目惊心。

云南有毒白酒事件。1996 年 6 月 27 日至 7 月 21 日,云南曲靖地区会泽县发生食和散装白酒甲醇严重超标的特大食物中毒事件,192 人中毒,35 人死亡,6 人致残。

云南野蘑菇中毒事件。1997 年 6 月底至 7 月上旬,云南思茅地区发生群众自行采食蘑菇中毒事件,共有 255 人中毒,死亡 73 人。

山西朔州假酒事件。1998 年 2 月,山西省朔州、忻州、大同等地区连续发生的多起重大的假酒中毒事件,有 200 多人中毒,夺去了 27 条生命。

广东食物中毒事件。1999 年 1 月,广东省 46 名学生食物中毒;同年 6 月,某省一医院接受了 34 人中毒事件,中毒原因都是食用带有甲胺磷农药残留的“蔬菜”。

浙江瘦肉精事件。2001 年 1 月,浙江省杭州市 60 多人到医院就诊,症状为心慌、心跳加快、手颤、头晕、头痛等，原因是食用了含有瘦肉精（即盐酸克伦特罗）的猪肉。

盐酸克伦特罗是一种平喘药，并非食物添加剂，只因添加后，能使猪的瘦肉率提高10%以上，可以使肉更好卖。但是它用量大、使用的时间长、代谢慢，所以在屠宰前到上市，在猪体内的残留量都很大。这个残留量通过食物进入人体，就使人体渐渐地中毒，如果一次摄入量过大，就会产生异常生理反应的中毒现象，严重的就会死亡。国家从2002年起，严禁在饲料中添加瘦肉精。

辽宁豆奶中毒事件。2003年3月19日，辽宁省海城市部分小学生及教师饮用豆奶引发食物中毒，其中涉及2556名小学生（中毒人数达292人），豆奶食物中毒的原因是，活性豆粉中的胰蛋白酶抑制素等抗营养因子未彻底灭活。

安徽阜阳奶粉事件。2004年4月30日，新华网披露：在安徽省阜阳市，由于被喂食几乎完全没有营养的劣质奶粉，13名婴儿夭折，近200名婴儿患上严重营养不良症；2004年05月10日《解放日报》报道，江苏淮安涟水也惊现大头娃娃，2名婴儿因食用劣质奶粉导致营养缺乏而死亡，震惊全国。阜阳奶粉事件因此浮出水面，继而全国各地媒体都重点报道奶粉事件，甚至在广东等地也发现了“毒奶粉”，全国人民对奶粉的反应已到了“谈粉色变”的地步，国产奶粉销量一泻千里，对奶粉业也造成强烈冲击。

四川有毒泡菜事件。2004年5月9日，中央电视台《每周质量报告》报道了四川成都新繁、彭州个别生产泡菜的企业使用了敌敌畏、工业盐等有毒、有害物质生产泡菜。此事一经曝光，在社会上引起强烈反响，对成都市的泡菜生产企业产生了巨大的影响，导致成都市许多正规的泡菜生产企业遭受了惨重的损失。而这一事件也无可避免地打击了全国各地消费者的信心，事件被披露后，在很长一段时间里，人们都不敢乱吃泡菜。

广州假酒事件。2004年5月11日开始，在不到3天的时间内，共有40多名因饮用散装白酒而中毒的患者住进了广州市第十二人民医院，入院患者普遍出现了抽筋、呕吐、走路不稳和视觉模糊等症状。医务人员经诊断发现，导致这些症状的原因是甲醇中毒。在随后的几天里，广州其他地区的医院也陆续有因喝了有毒的白酒而入院接受救治的人。广州特大毒酒事件导致50多人中毒住院，其中9人死亡。最终，这些有关用工业甲醇生产白酒和销售甲醇的犯罪人员都一一归案，但受害者造成的伤害却早已无法挽回。

“毒大米”陈化粮事件。2004 年 7 月，全国 10 多个省市粮油批发市场陆续发现一种被称作“民工粮”的大米，其价格比一般大米便宜逾三成，深受一些工地老板、学校饭堂的青睐。这种大米其实就是国家粮库淘汰的发霉米，含有可致肝癌的黄曲霉素（黄曲霉素能引起肝癌，是目前发现最强的化学致癌物，试验显示其致癌所需时间最短仅为 24 周，而且毒性可致命），按规定只能卖给酿造、饲料等行业，绝不能当作粮食销售。据介绍，这些“毒米”主要源自东北，不法商贩通过关系从专营企业买来这些毒米再转售，牟取暴利，全然不顾食用者的安危。

肯德基“苏丹红”事件。2005 年，一场声势浩大的查禁“苏丹红一号”的行动席卷全国。广东亨氏美味源辣椒酱、肯德基新奥尔良烤翅、长沙坛坛香牌风味辣椒萝卜、河南豫香牌辣椒粉等食品相继发现了“苏丹红一号”。根据国家质检总局公布的数据，全国共有 18 个省市 30 家企业的 88 个样品中都检测出了“苏丹红一号”。后据调查发现，含有“苏丹红一号”的原材料是从化工城买来的叫做油溶黄和油溶红的染料，油溶黄中“苏丹红一号”的含量是 98%。

“苏丹红一号”并非食品添加剂，而是一种人造化学染色剂，全球多数国家都禁止将其用于食品生产。“苏丹红一号”具有致癌性，对人体的肝肾器官具有明显的毒性作用。它属于化工染色剂，主要是用于石油、机油和其他的一些工业溶剂中，目的是使其增色，也用于鞋、地板等的增光。我们日常食用的可能含有“苏丹红一号”的产品包括泡面、熟肉、馅饼、辣椒粉、调味酱等。

福寿螺事件。2006 年 6 月，北京发生因食用福寿螺感染广州管圆线虫事件，共计 131 人染病。

上海瘦肉精中毒事件。2006 年 9 月，上海发生瘦肉精中毒事件，300 多人中毒入院。

红心鸭蛋事件。2006 年 11 月 12 日开始，大批“红心鸭蛋”被查出含有苏丹红Ⅳ号，致癌物苏丹红再次进入人们视野。

孔雀石绿多宝鱼事件。2006 年 11 月 17 日，大闸蟹、多宝鱼、桂鱼等便纷纷被爆出含致癌物孔雀石绿以及违禁抗生素。

“三鹿”奶粉事件。2008 年六七月间。甘肃、安徽、湖南、河南、江西和湖北等地发现多起婴儿患肾结石的病例，患儿均为一岁以内的婴儿。9 月 12 日，经国家卫生部调查，这些病例是由于患儿食用了三鹿集团生产的三鹿牌婴幼儿配方奶粉所致，卫生部在抽检的三鹿奶粉中发现了一种叫做三聚氰胺的化学品。这种物品添加到牛奶中以后，可以将牛奶中的蛋白质含量提高，造成牛奶质量高的假象。但这种物质食用后会造成肾结石、急性肾功能衰竭，继而引发死亡。截止到 2009 年 1 月 9 日，全国累计报告患儿近 29.6 万人。事件造成 2 名婴儿死亡。各地公安机关共立案侦查与三鹿奶粉事件相关的刑事案件 47 起，抓获犯罪嫌疑人 142 名，逮捕 60 人。

“三鹿”问题奶粉事件发生至今已近三年来，三聚氰胺的阴影依旧不散。2010 年 7 月，在青海省一家乳制品厂，检测出三聚氰胺超标达 500 余倍，而原料来自河北等地。

河南瘦肉精事件。2009 年 2 月 19 日，广州市卫生局接到 11 起因吃猪内脏引起腹痛、腹泻报告，涉及 46 人。当晚对中毒人员剩余食物进行的检验报告显示，瘦肉精呈阳性。整起事件累计发病人数共 70 人。毒猪源头经查，是从河南孟津县运到广州市天河区天河牲畜交易市场的。

2011 年，河南瘦肉精再度火爆。央视在 3·15 消费者权益日播出了一期《“健美猪”真相》的特别节目，披露了河南济源双汇公司使用瘦肉精猪肉的事实。“双汇”品牌部分肉制品中涉嫌含有瘦肉精，这一消息爆出后，迅速掀起轩然大波。“双汇”上演“滑铁卢”，市值 5 天蒸发 170 亿。

地沟油事件。不知道从什么时候起，城市的下水道成了一些人发财致富的地方。他们每天从那里捞取大量暗淡浑浊、略呈红色的膏状物，仅仅经过一夜的过滤、加热、沉淀、分离，就能让这些散发着恶臭的垃圾变身为清亮的“食用油”，最终通过低价销售，重返人们的餐桌。据报道，目前我国每年返回餐桌的地沟油有 200 至 300 万吨。一旦食用，则会破坏白血球和消化道黏膜，引起食物中毒，甚至致癌。地沟油中的主要危害物——黄曲霉素的毒性则是砒霜的 100 倍。

石灰增白面粉。2010 年 4 月 7 日，江苏如皋一家食品添加剂公司被发现在生产面粉增白剂时加入了石灰粉，含量竟达 30%。12 月 15 日，卫生部监督局对是否禁止使用面粉增白剂公开征求意见，公告称将设 1 年的过渡期限,2011 年 3 月 1 日卫生部发布公告,自 2011 年 5 月 1 日起,禁止生产、在面粉中添加这两种物质。

食用小龙虾致病事件。2010 年 7 月下旬至 8 月底,南京出现了 23 例因食用龙虾而引发横纹肌溶解症的病例。9 月份,小龙虾致使肌肉溶解被确定与国际上的哈夫病类似,但致病物质是生物毒素还是化学毒素仍旧不确定,有专家指出本次龙虾门事件,可能是南京周边地区的家禽池塘龙虾,在大雨之后流入市场,被俗称吊白块之类的强力化学品清洗后,由残留在龙虾脏器内的兽用抗生素和吊白块螯合产生新的毒素,消费者选择不恰当的食用方法后,引发横纹肌溶解症。

福尔马林银鱼事件。2011 年 4 月,青岛市城阳质监局接市民举报,在一民房内查获大量“问题银鱼”。据统计,现场共查获小银鱼 1.6 吨,福尔马林 100 公斤。

福尔马林是“甲醛”的水溶液,具有防腐、消毒和漂白的功能医学上常用来保存器官、存放尸体。如果正常人体接触福尔马林,轻则皮肤过敏、眼睛刺痛,重则致癌,甚至致命。另外,福尔马林会造成细胞的变性,长期接触,可能会引起生物畸形。

假葡萄酒事件。2010 年 12 月,中央电视台《焦点访谈》曝光了河北秦皇岛市昌黎县周边葡萄酒厂家一条龙造假内幕。在这些造假葡萄酒厂,用水、色素、酒精和香精,便勾兑出“葡萄酒”。当地的假葡萄酒业存在多年,形成了“造假一条龙”,甚至带火了当地的酒精、食品添加剂及制作假冒名牌葡萄酒标签厂家。这些假葡萄酒因为有有害物质会进入并污染饮品,轻则会引起肠胃疾病,重则会对人体肝肾造成损害,有的甚至不含一点葡萄原汁。

上海染色馒头事件。2011 年 4 月初,《消费主张》节目指出,在上海市浦东区的一些华联超市和联华超市的主食专柜都在销售同一个公司生产的三种馒头,高庄馒头、玉米馒头和黑米馒头,而这些馒头并非真的玉米、黑米制成,而是染上的颜色。上海工商部门连夜查扣 6048 只涉嫌“染色”馒头。

水银刀鱼事件。2011 年 4 月 9 日,江阴一顾客在城中菜场购买了 12 条刀鱼,加工时发现其中 3 条体内掺有不明物,经无锡市公安局物证部门鉴定为水银。注入水银使刀鱼增加重量卖出更高的价格,还可以让死刀鱼看起来更有光泽。水银学名“汞”,是唯一在常温下呈液体状的金属。然而经过灌装水银加工过的刀鱼,简直就成了毒鱼,对人体有着极大的危害,一般人体吸食少量就可能出现恶心、呕吐等不良症状。而且汞中毒是极易导致死亡的。

牛肉膏制牛肉事件。2011 年 4 月,工商部门发现市场上广泛流传“牛肉膏”添加剂,这种添加剂可以将鸡肉、猪肉加工成“牛肉”。这种“牛肉膏”不仅在小肉松作坊中使用,在一些小吃店也是“公开的秘密”。如果一次腌制 50 斤猪肉来冒充牛肉,就可直接省下近千元的成本。之后,广东佛山又爆出有商家在猪肉中添加硼砂等有毒有害原料假冒牛肉,涉案假牛肉数量超过了 1.6 万公斤。过量长期食用牛肉膏或会致癌。

蒙牛学生奶“中毒”事件。2011 年 4 月 22 日,陕西榆林市 251 名学生因饮用蒙牛集团统一配送的学生奶出现发烧、呕吐、肚痛、腹泻等症状。对此,蒙牛集团相关负责人表示,在检验结果出来之前,并不能下结论为“中毒”,并认为早晨空腹喝牛奶可能导致腹泻。甚至有专家认为是学生群体性心因性反应。业内人士认为,蒙牛的这个解释十分牵强。

死猪泡敌百虫腌腊肉。2011 年 4 月 27 日记者曝光了广州一非法作坊在死猪中拌入剧毒农药腌制腊肉,并且公开销卖。白云区质量技术监督局副局长易忠说,该窝点使用的盐很可能是工业用盐,而现场发现的敌百虫是剧毒物质,绝对不允许添加入食品内。而这间非法作坊所生产的“问题腊肉”,不仅堂而皇之地流入白云区多家农贸市场,甚至还摆上了附近一家“张家港市好又多连锁超市”,每日购买此种腊肉的街坊络绎不绝。

……

这只是我们选取的近年来发生的重大食品安全事故中的很小的一部分。事实是食品安全事故其实每天都在发生,安全事件层出不穷,防不胜防。很有可能一不小心,你就将成为明天又一起重大食品安全事故的受害者。

作为食品安全的最后一道关口,消费者当然不能一直被动下去,甘心地成为食品安全事故的受害者,等着政府或有关部门将大案要案侦破后,再来胆战心惊地后悔。我们要主动出击,积极学习食品安全知识,提高自我防护的意识,学会从重大食品安全事故案例中学习自我防护的知识,保护自己和家人不成为食品安全事故的受害者。

2. 厕纸上餐桌，小心劣纸之害

“厕用纸”竟然变身“餐巾纸”，堂而皇之地上了餐桌。这是 2011 年 11 月消费者举报后《经济参考报》记者在全国多地调查之后的报道。记者在广西南宁、吉林长春、海南海口等城市实地现场采访调查时都发现，很多中低档餐馆提供给顾客用来擦嘴的都是一种卷筒纸。而这些纸颜色很白且光亮，但纸质疏松、有很多漏洞。一些卷筒纸轻轻一抖，就会出现很多白色粉尘，明显不符合《餐巾纸卫生标准》的规定。而很多顾客对此习以为常。综合记者在南宁、长春、海口等地的所见所闻，餐馆想降低成本，并迎合顾客，而顾客则贪便宜、图方便，应该就是劣质餐巾纸能够大行其道的主要原因。

不仅仅是餐馆，很多家庭里也因为不清楚厕所用纸和餐桌用纸的区别而将很多厕所用纸买回家后当餐纸来用。记者对比名牌餐巾纸和杂牌餐巾纸发现，名牌餐巾纸的纸质柔软细腻，且包装上除了注明生产企业的名称、地址、电话外，还标明了原料、执行标准、卫生标准、规格等。而杂牌餐巾纸则纸质比较粗糙，且包装简易，包装上标注的要素也没有名牌餐巾纸全面。

而这些标注不明的纸用来擦嘴的话，会有极大的安全隐患。因为很多劣质纸都使用荧光粉漂白废纸。而荧光增白剂被称为造纸业的“白色染料”，其作用是使生产的纸张能获得类似萤石的闪闪发光的效果，从而达到增白的目的。专家表示，荧光增白剂被人体吸收后，不像一般的化学成分容易被分解，它可以使细胞产生变异性，长期接触，容易致癌。

安全警示：

目前，市场上对卫生纸和餐巾纸没有明确的划分界限，大部分卷筒纸只在包装上标明“卫生纸”，部分包装较好的标明“面巾纸”“纸手帕”“纸面巾”。至于哪些可以用于“擦嘴”、哪些只能当做“厕用纸”，消费者无法从包装上获得参考信息，只能凭感官判断质量，使得一些不法厂家难以得到有效监管。所以生产厂家应明确餐巾纸包装标识，在外包装上强制标注

"QS"一类的标志,或用显著的文字、图案标明可以作为餐巾纸还是厕所纸使用。

消费者自己要增强自我防护的意识,自觉抵制劣质餐巾纸,使劣纸餐巾纸失去市场,从而使劣纸餐巾纸厂商无生存之地。同时要学会鉴别优质纸巾和劣质纸巾,不贪图便宜,保护家人的健康。

3. 牛肉膏事件,贪图便宜要不得

2011年4月15日,新华网报道:安徽工商部门查获一种名为牛肉膏的添加剂,可让猪肉变"牛肉"。专家指出,但若违规超量和长期食用"牛肉膏",则对人体有危害,甚至可能致癌。记者走访福州、广州等城市市场发现,这种牛肉膏在很多食品添加剂店都可买到。

记者来到广州一德路、天平架等多个食品日杂批发市场进行调查,没想到竟然每到一处均能不费吹灰之力便能寻得相传能让猪肉变牛肉的"牛肉膏"。与此同时,记者发现,不仅牛肉,连羊肉、鸡肉、鸭肉、鹅肉、鱼肉甚至墨鱼肉,都能找到相应的变身添加剂。

据报道,一盒1000克的牛肉膏,售价45元,出厂日期为2010年10月。按照其使用浓度计算,一公斤猪肉,只需加入2~3克的牛肉膏,即可达到增香提鲜的效果。不法商贩先用麦芽酚去掉猪肉(或鸡肉)的腥味,再抹上一层薄薄的牛肉膏(精)、牛肉粉、牛肉香精,把猪肉腌制出来,然后像平时煮肉食品一样加热,猪肉就能变身牛肉。而猪肉和牛肉的价格差价就是他们赚的昧心钱。以猪肉为例,若新鲜猪肉的价格为11元/斤,牛肉的价格是20元/斤。一次腌制50斤猪肉就可以节省接近500元。市场上熟牛肉的价格达到了35元/斤以上,即腌制50斤牛肉就可以省下超过1000元的成本。而且由于成本降低,使他们的利润空间增大,他们也就有了更多的议价空间,就会比真正的牛肉便宜好多,这又会使他们的生意更好,赚的钱更多了。

但是,这种牛肉膏却并不安全,长期过量食用,则会致癌。

安全警示：

购买这种添加剂的主要是面馆、大排档以及熟食店。一般路边的牛肉面馆、做牛肉加工的厂家用的比较多，羊肉膏卖往烧烤店。所以消费者千万不可贪图便宜去这些路边的小摊吃饭。平常要注意鉴别，随时小心，不要被小摊上食品鲜艳的外表和低廉的价格吸引，而应当以安全为第一。

业内人士指出，对于市场上销售的猪肉和牛肉，消费者可从色泽、气味、黏度、弹性等多个方面进行初步鉴别。牛肉脂肪呈白色或乳黄色，比猪肉的脂肪明显要少。猪肉的肌肉外表微干或微湿润，且有猪肉特有的正常气味。一般地说，牛肉的纤维长度较长，肉质结构粗并紧凑；而猪肉的纤维长度较短，肉质结构细并松散；食用牛肉时感到肉老，食用猪肉时感到肉嫩。

而选购时尽量不要购买颜色鲜艳的食品，特别是熟食。

尽量不要吃路边大排档、小吃店或是烤串摊的食品，以免受到伤害。

4. 石灰增白面粉，不能只重食品外表

2010 年 4 月 7 日，江苏如皋一家食品添加剂公司被发现在生产面粉增白剂时加入了石灰粉，含量竟达 30%。每 4 斤增白剂里面就有 1 斤石灰粉。2011 年 3 月 1 日卫生部发布公告，自 2011 年 5 月 1 日起，禁止生产、在面粉中添加这两种物质。

消费警示：

在面粉或其他食品中添加增白剂，不过是为了使食品的外表看起来更白更好看卖相更好，说白了是为了迎合消费者的心理。有很多消费者在购买食品时注重看外表，希望买到看起来鲜艳、美观、好看的食品，这种观念正是生产经营者不断地“美化”食品的重要推动力。如用硫黄熏生姜，用苏丹红喂鸭子，用石蜡保鲜水果，用增白剂发馒头，等等。而这些经过“美化”后的食品，看是好看了，却给我们的健康和安全多加了一道风险。所以，对于食品，一定要以健康和营养为标准，而不是以好看或是美观为标准。

石灰增白事件之后，好多消费者的观念也发生了改变，白馒头都不受欢迎了。这其实是好事。但不要仅止于白馒头，还有很多外表光鲜却毒害无穷的食物，也需要从我们消费的角度来拒绝，才能更彻底地消灭它们。如用糖精泡过的枣，肥大油绿的韭菜，染过颜色的橙子……

5. 瘦肉精事件，鉴别知识很重要

瘦肉精(即盐酸克伦特罗)对于人体健康的危害早已得到证明，虽然国家明令禁止在任何饲料中添加瘦肉精，但关于瘦肉精中毒的食品安全案例却一而再、再而三地发生。

2001 年 1 月，浙江省杭州市 60 多人到医院就诊，症状为心慌、心跳加快、手颤、头晕、头痛等，原因是食用了含有瘦肉精的猪肉。随后又发生多起类似事件。

仅从媒体披露的资料显示，2001 年、2002 年、2006 年、2008 年、2009 年和 2011 年都发生过瘦肉精事件。以 2001 年瘦肉精事件为例，涉及范围包括北京、天津在内 9 个省市的 23 家养殖场。

瘦肉精是一类药物的统称，任何能够促进瘦肉生长的饲料添加剂都可以叫做瘦肉精。最主要的一种学名叫盐酸克伦特罗，是一种平喘药，并非食物添加剂。但在饲料中添加后，能使猪的瘦肉率提高 10%以上，可以使肉更好卖。瘦肉精能使猪提高生长速度，增加瘦肉率，使猪肉肉色鲜红，卖相好。因此，对于养殖户最大的诱惑就在于降低成本、提高利润。但却对人体健康危害大，有很强的毒副作用。如果一次摄入量过多，就会产生异常生理反应的中毒现象，严重的会死亡。因而瘦肉精在全球多数国家遭到禁用，我国自 2002 年已经禁止用于动物饲料中。

瘦肉精中毒时表现为：烦躁不安、焦虑、眩晕、耳鸣、肌肉疼痛、震颤等，严重的可以导致昏迷。潜伏期为 30 分钟至 2 小时，与进食量多少相关。长期食用会导致人体代谢紊乱，甚至诱发恶性肿瘤。如果已经吃下了瘦肉精，首先多喝水帮助毒素排出，同时赶紧到医院治疗。

安全警示：

这么多年以来，瘦肉精屡禁不绝，说明其后面有着强大的市场驱动力。而这种驱动力只会来自消费者。因为有些消费者购买猪肉时喜好瘦肉，爱买颜色鲜艳、瘦肉多的。消费决定市场，有这样的需求，才促使一些黑心商贩不惜违法犯罪也违禁添加。所以，作为消费者，一定要提高警觉，避免片面喜好，多从健康、科学的角度来对待食品。

当然，禁止添加瘦肉精是国家的法律规定和执法监督部门的事，具体监管对于普通消费者而言是不可能的。我们能做的只有发现就举报，同时学会鉴别瘦肉精猪肉，保护自己和家庭不受瘦肉精的伤害。

瘦肉精猪肉的鉴别方法主要有：

(1)看在选购猪肉时皮下脂肪太薄、太松软的猪肉不要买。该猪肉是否具有脂肪(猪油)，如该猪肉在皮下就是瘦肉或仅有少量脂肪，则该猪肉就存在含有“瘦肉精”的可能。

(2) 看猪肉的颜色。喂过“瘦肉精”的瘦肉外观特别鲜红，后臀较大，纤维比较疏松，切成二三指宽的猪肉比较软，不能立于案，瘦肉与脂肪间有黄色液体流出，脂肪特别薄；而一般健康的瘦猪肉是淡红色，肉质弹性好，瘦肉与脂肪间没有任何液体流出。

(3)购买时一定看清该猪肉是否有盖有检疫印章和检疫合格证明。

(4)消费者购买猪肉时要拣带些肥膘的肉，颜色不要太鲜红，猪内脏因瘦肉精残留量多不宜食用。

6. 福寿螺事件，科学地吃才安全

2006 年 5 月 20 日，北京一家名为蜀国演义的餐厅将“凉拌螺肉”和“香香嘴螺肉”的原料——海水螺改为福寿螺。而一这换却换来了 87 名顾客因之得了一种浑身疼痛难忍、特别是头疼得会爆裂一样的怪病，甚至出现半边身子刚开始出汗而另半边身子的衣服却早已被汗水打湿的怪现象。福寿螺也因为传播这种名为广州管圆线虫的疾病而差不多到了尽人皆知的程度。这种淡水螺起了一个很中国化的名字，其实它是 20 年前刚刚从国外引进的新物种。

广州管圆线虫病是食源性寄生虫病的一种，又名嗜酸粒细胞增多性脑膜炎。人食用生的或加热不彻底的、藏有广州管圆线虫的福寿螺后，即可被感染。有研究证明，每只福寿螺内含广州管圆线幼虫多达 3000 条至 6000 条。广州管圆线虫寄生在人的脑脊液中，引起头痛、发热、颈部强硬、面神经瘫痪等症状，严重者可致痴呆，甚至死亡。

安全警示：

所谓病从口入，此言不假。对于"福寿螺事件"，有关部门只能做"事后诸葛亮"，这种"不吃食不患病"的情况，事前能做的就是向公众普及卫生知识。

广州管圆线虫病的罪魁祸首主要是"福寿螺"。由于凉拌螺肉大多被广州管圆线幼虫污染了，再加上生吃或半生吃，造成这种病症是必然的。熟的"福寿螺"由于经过高温加热，杀死了这些寄生虫，因而就不会引发该病症，而且这种病也不会造成人与人之间的传染。广州管圆线虫病是可以预防的，不要吃生的或未熟透的肉类食品基本上就可以预防此病。所以，一定要管住自己的嘴，切忌吃生的未煮的淡水鱼、虾、螺、蟹、蛙、蛇等食物。就像以前多发的蛔虫病，国家也没有对蛔虫强制检测。大家知道不生吃食物后，现在发生率很低。大家管住自己的嘴，不乱吃东西就是了。

这也让我们想到 2003 年的"非典"事件，其传播来源也是人们餐桌上的野生的果子狸。在现代食品极大丰富、品种繁多的情况下，人们的选择性的确很多，但也特别容易生厌，三天两头换口味，吃点儿"新鲜门头"，本来无可厚非，但一味地追求新、奇、怪，不讲科学，不顾卫生，不谈健康，不管安全地来吃，必然会吃出问题来的。所以，从这个案例中，消费者们应当警惕：作为消费者，一定要有一种科学饮食的意识，尽量不要生吃食物，特别是一些水产品及肉食品，其中含寄生虫最为多见，要特别小心。吃是人之需要，但不管吃什么，一定要科学地吃，正确地吃，才能吃出健康，吃得安全。

7. 塑化剂事件，学会自我保护

邻苯二甲酸二(2—乙基)己酯(即塑化剂DEHP)，这个拗口的化学名称，成为2011年食品安全事件的主角。

2011年4月，我国台湾卫生部门例行抽验食品时，在一款"净元益生菌"粉末中发现，里面含有DEHP，浓度高达600ppm(百万分之一)。追查发现，DEHP来自昱伸香料公司所供应的起云剂。此次污染事件规模之大为历年罕见，在岛内引起轩然大波。其后又发现在食品添加物起云剂中加入有害健康的塑化剂"邻苯二甲酸(2—乙基己基)酯"(DEHP)事件。

从毒理学上，包括DEHP在内的邻苯二甲酸酯类物质(简称PAEs)又是环境激素的一种，可能对人体的生殖系统、免疫系统、消化系统带来危害，如损害男性生殖能力，促使女性性早熟。塑化剂如果在体内长期累积，其毒性远高于三聚氰胺，会引发激素失调，导致人体免疫力下降，最重要的是影响生殖能力，造成孩子性别错乱，包括生殖器变短小、性征不明显，诱发儿童性早熟。特别是尚在母亲体内的男性婴儿通过孕妇血液摄入DEHP，产生的危害更大。长期大量摄取还可能会导致肝癌。

这样的物品添加在食物里面，其后果可想而知。所以激起了海峡两岸的极大关注。大陆相关部门也在不断采取措施，加强对台湾食品的检验检测，并对涉案产品下架封存，并全面暂停通报的问题产品。国家质检总局公布的受塑化剂污染的问题企业达到294家，相关产品有973种。

除了被曝光产品外，塑化剂还广泛存在于生活的各个角落。到目前为止，国内外媒体已相继曝出以下物品中也可能含有塑化剂：食品包装袋、保鲜膜等食品包装；发胶、口红、指甲油、乳液等化妆品；一次性塑料水杯、塑料手套、雨衣、鞋类、皮革类仿制品、浴室窗帘等日用品；以及方便面、浓汤类食品、粉末清洁用品、医疗仪器(注射针筒、血袋和医疗用塑胶软管)、儿童玩具等。塑化剂事件，对公众心理产生了极大的负面影响。

安全警示：

像这样无所不在的有害物质随时随地都在我们身边，更需要我们提高自我保护的意识和自我保护的能力，才能使自己最大限度地减少伤害。

按照我们已经形成的现代生活方式，完全躲开塑化剂几乎是不可能的，但其实生活中接触到的塑化剂并不会伤害人体。但我们依然要提高警惕。台湾相关专家建议，在做出明确界定之前，除避免购买已被列入"黑名单"的品牌和食物类别，尽量不要吃浓稠状饮料等加工食品。如果塑料制品上标有PVC，就说明里面含有塑化剂，购买和使用时需要特别注意。选择儿童用品时，过软、过小的塑料制品尽量少买。

带保鲜膜的食物一定不要放入微波炉里加热，尤其是肉类，因为塑化剂一旦接触油脂，就会释放有毒物。尽量少吃一次性塑料包装的食品，在家里盛装食物时，选择瓷质餐具或玻璃器皿。

当然仅仅是让自己躲开这些有毒物质还远远不够。我们还需要勇敢地站出来，去揭发、去披露、去举报。就像最先揭露塑化剂的杨妈妈一样。

这名52岁的杨姓妈妈，是台湾"卫生署"食品药物管理局的检验员，有26年的检验工作经验。正是她的细心工作揭开了这个让台湾人吃了30年之久的有毒有害的塑化剂！3月初，杨女士在对可减肥的益生菌是否含减肥西药或安非他命检验工作时，意外地发现了仪器上突然出现了不正常的波峰讯号。这种食品里怎么会出现塑化剂？按说这本不是她的职责范围，但作为一个长期关注儿童食品的母亲，她没有忽视这一点，又花了两个星期，检出送检的益生菌食品中塑化剂DEHP的浓度高达600ppm，远超过台湾人均每日摄入标准1.029ppm。这个结果让杨女士大吃一惊，因为DEHP是种致癌物质，长期摄入会危害健康。

很快，"卫生署"将消息通知了"检方"。这起在台湾"隐藏"了30年的塑化剂DEHP污染事件彻底曝光于人前。事件曝光后，杨女士的细心与良知得到了岛内民众的大力称赞，人们甚至称她为"英雄妈妈"。

当然，我们没有杨妈妈那样的专业背景和知识，但我们应当有杨妈妈那样的勇气，对于一切食品安全问题都要敢于揭露，敢于曝光，敢于维护自己的权益。